彩图1　翡翠秋叶包（豌茸馅）

彩图2　淮扬五丁包

彩图3　鱼香茄子包

彩图4　蟹黄鲜肉包

彩图5　豌茸刺猬包

彩图6　双味葫芦包（莲茸、豆沙馅）

彩图7　三丝眉毛酥（圆酥）

彩图8　萝卜丝酥饼（直酥）

彩图9　双味鸳鸯酥（莲茸、豆沙馅）

彩图10　莲茸蝙蝠酥

彩图11　莲茸枇杷酥

彩图12　细沙梅花酥

彩图13　五仁盒子酥

彩图14　弯梳虾饺

彩图15　奶黄甜椒

彩图16　奶黄玉米饺

彩图17　蜂巢蛋黄角（幼粒熟馅）

彩图18　薯香咖喱鸡（咖喱肉馅）

职业技术·职业资格培训教材

中式面点师

（高级）

主　编　张桂芳

编　者　陈龙昌　程玉兰　姜圣华

　　　　张　君　徐　敏

主　审　邓修青

中国劳动社会保障出版社

图书在版编目(CIP)数据

中式面点师：高级/上海市职业培训研究发展中心组织编写．—北京：中国劳动社会保障出版社，2012

1+X职业技术·职业资格培训教材

ISBN 978-7-5045-9460-0

Ⅰ.①中… Ⅱ.①上… Ⅲ.①面点-制作-中国-技术培训-教材 Ⅳ.①TS972.116

中国版本图书馆 CIP 数据核字(2012)第 014983 号

中国劳动社会保障出版社出版发行

(北京市惠新东街1号 邮政编码：100029)

出　版　人：张梦欣

＊

三河市华骏印务包装有限公司印刷装订　新华书店经销
787 毫米×1092 毫米 16 开本 14.25 印张 2 彩插页 267 千字
2012 年 3 月第 1 版　2021 年 6 月第 5 次印刷
定价：32.00 元

读者服务部电话：(010)64929211/84209101/64921644
营销中心电话：(010)64962347
出版社网址：http://www.class.com.cn

版权专有　　侵权必究

如有印装差错，请与本社联系调换：(010)81211666
我社将与版权执法机关配合，大力打击盗印、销售和使用盗版图书活动，敬请广大读者协助举报，经查实将给予举报者奖励。
举报电话：(010)64954652

内容简介

本教材由人力资源和社会保障部教材办公室、中国就业培训技术指导中心上海分中心、上海市职业培训研究发展中心依据上海1+X中式面点师（三级）职业技能鉴定细目组织编写。教材从强化培养操作技能，掌握实用技术的角度出发，较好地体现了当前最新的实用知识与操作技术，对于提高从业人员基本素质，掌握高级中式面点师的核心知识与技能有直接的帮助和指导作用。

本教材在编写中根据本职业的工作特点，以能力培养为根本出发点，采用模块化的编写方式。全书共分为12个单元，主要内容包括：中式面点的历史与现状、食品营养与烹饪卫生、原料的选择与合理使用、主坯工艺原理及运用、制馅工艺、面点成形工艺、面点成熟工艺、面点盘饰工艺与装饰工艺、面点制作、中式烹调知识、西式面点制作和管理知识。

为便于读者掌握重点内容，本教材每一单元后安排了思考题，全书后附有知识考核模拟试卷和技能考核模拟试卷及答案，用于检验和巩固所学知识与技能。

本教材可作为中式面点师（三级）职业技能培训与鉴定考核教材，也可供全国中、高等职业技术院校相关专业师生参考使用，以及本职业从业人员培训使用。

前　言

职业培训制度的积极推进，尤其是职业资格证书制度的推行，为广大劳动者系统地学习相关职业的知识和技能，提高就业能力、工作能力和职业转换能力提供了可能，同时也为企业选择适应生产需要的合格劳动者提供了依据。

随着我国科学技术的飞速发展和产业结构的不断调整，各种新兴职业应运而生，传统职业中也越来越多、越来越快地融进了各种新知识、新技术和新工艺。因此，加快培养合格的、适应现代化建设要求的高技能人才就显得尤为迫切。近年来，上海市在加快高技能人才建设方面进行了有益的探索，积累了丰富而宝贵的经验。为优化人力资源结构，加快高技能人才队伍建设，上海市人力资源和社会保障局在提升职业标准、完善技能鉴定方面做了积极的探索和尝试，推出了1＋X培训与鉴定模式。1＋X中的1代表国家职业标准，X是为适应上海市经济发展的需要，对职业的部分知识和技能要求进行的扩充和更新。随着经济发展和技术进步，X将不断被赋予新的内涵，不断得到深化和提升。

上海市1＋X培训与鉴定模式，得到了国家人力资源和社会保障部的支持和肯定。为配合上海市开展的1＋X培训与鉴定的需要，人力资源和社会保障部教材办公室、中国就业培训技术指导中心上海分中心、上海市职业培训研究发展中心联合组织有关方面的专家、技术人员共同编写了职业技术·职业资格培训系列教材。

职业技术·职业资格培训教材严格按照1＋X鉴定考核细目进行编写，教材内容充分反映了当前从事职业活动所需要的核心知识与技能，较好地体现了适用性、先进性与前瞻性。聘请编写1＋X鉴定考核细目的专家，以及相关行业的专家参与教材的编审工作，保证了教材内容的科学性及与鉴定考核细目以及题库的紧密衔接。

职业技术·职业资格培训教材突出了适应职业技能培训的特色，使读者通过学习与培训，不仅有助于通过鉴定考核，而且能够有针对性地进行系统学习，真正掌握本职业的核心技术与操作技能，从而实现从懂得了什么到会做什么的飞跃。

职业技术·职业资格培训教材立足于国家职业标准，也可为全国其他省市开展新职业、新技术职业培训和鉴定考核，以及高技能人才培养提供借鉴或参考。

新教材的编写是一项探索性工作，由于时间紧迫，不足之处在所难免，欢迎各使用单位及个人对教材提出宝贵意见和建议，以便教材修订时补充更正。

人力资源和社会保障部教材办公室
中国就业培训技术指导中心上海分中心
上海市职业培训研究发展中心

目　　录

第1单元　中式面点的历史与现状
1.1　中式面点制作的历史 …………………………………… 2
1.2　中式面点制作的现状及发展趋势 ……………………… 3
思考题 ………………………………………………………… 3

第2单元　食品营养与烹饪卫生
2.1　常用食品营养价值 ……………………………………… 6
2.2　烹饪卫生 ………………………………………………… 9
2.3　合理营养与平衡膳食 …………………………………… 14
2.4　人体热能与消耗 ………………………………………… 20
思考题 ………………………………………………………… 23

第3单元　原料的选择与合理使用
3.1　面点原料 ………………………………………………… 26
3.2　调味品 …………………………………………………… 28
3.3　食品添加剂 ……………………………………………… 32
3.4　膨松剂 …………………………………………………… 39
思考题 ………………………………………………………… 41

第4单元　主坯工艺原理及运用
4.1　主坯形成原理 …………………………………………… 44

  4.2 水原性主坯工艺 …………………………………… 47
  4.3 膨松性主坯工艺 …………………………………… 49
  4.4 层酥性主坯工艺 …………………………………… 52
  4.5 浆皮主坯工艺 ……………………………………… 55
  4.6 米粉类主坯工艺 …………………………………… 57
  4.7 其他面坯工艺 ……………………………………… 59
  思考题 …………………………………………………… 60

第 5 单元 制馅工艺
  5.1 馅心的质量鉴定 …………………………………… 64
  5.2 特色馅心品种 ……………………………………… 67
  思考题 …………………………………………………… 71

第 6 单元 面点成形工艺
  6.1 抻、削、拨成形法 ………………………………… 74
  6.2 滚沾、钳花、夹、挤成形法 ……………………… 76
  思考题 …………………………………………………… 77

第 7 单元 面点成熟工艺
  7.1 单一成熟方法 ……………………………………… 80
  7.2 复合成熟方法 ……………………………………… 82
  7.3 熟制的质量标准 …………………………………… 83
  思考题 …………………………………………………… 84

第8单元　面点盘饰工艺与装饰工艺
8.1　盘饰工艺 …………………………………………………… 86
8.2　装饰工艺 …………………………………………………… 89
思考题 …………………………………………………………… 91

第9单元　面点制作
9.1　膨松面团类 ………………………………………………… 94
9.2　油酥面团类 ………………………………………………… 103
9.3　澄粉、其他面团类 ………………………………………… 114
思考题 …………………………………………………………… 123

第10单元　中式烹调知识
10.1　主要地方菜系 ……………………………………………… 126
10.2　主要原料 …………………………………………………… 130
10.3　刀工与配菜技术 …………………………………………… 141
10.4　调味 ………………………………………………………… 147
10.5　烹调方法 …………………………………………………… 149
思考题 …………………………………………………………… 153

第11单元　西式面点制作
11.1　西式面点概况 ……………………………………………… 156
11.2　常用设备和工具的使用与保养 …………………………… 158
11.3　主要原料 …………………………………………………… 170
11.4　成品成熟的基本原理 ……………………………………… 176

11.5 其他相关知识 …………………………………… 179
思考题 …………………………………………… 182

第12单元　管理知识

12.1 中式面点成本核算 …………………………… 184
12.2 面点厨房管理 ………………………………… 186
12.3 生产过程的组织与管理 ……………………… 192
12.4 面点技术管理的实施 ………………………… 195
12.5 市场调查与预测 ……………………………… 198
思考题 …………………………………………… 199

知识考核模拟试卷 ………………………………… 200
知识考核模拟试卷答案 …………………………… 213
技能考核模拟试卷 ………………………………… 214

第 1 单元

中式面点的历史与现状

1.1 中式面点制作的历史　　　　　　　　/2
1.2 中式面点制作的现状及发展趋势　　　/3

1.1 中式面点制作的历史

1.1.1 面点的起源

自从人类学会用火以后，人们将生食变为熟食，扩大了食物范围。远在 6 000 年以前，人们就已经把稻子作为主要食物，并加以保存，以供长期使用。我国是世界上种植小麦最早的国家之一。以稻米、小麦为主要粮食作物的状况，为面点的出现奠定了物质基础。西周时期就产生了专业制作"糗饵粉餈"和发酵"酏食"的厨师。

1.1.2 面点的形成

春秋战国时期，农业生产有了新的发展，随着原料和烹饪器具的增多，面点制作工艺也得到相应的提高。《楚辞·招魂》中出现的"粔籹蜜饵，有餦餭些"，即是用饴糖和蜂蜜调味后制作，近似今日的"麻花"和"馓子"。

秦统一政权的建立，加快了各地饮食的沟通。西汉时南北往来进一步加强，也为点心制作提供了更多的原料。东汉初期佛教传入，素食点心随之发展。据史书记载，汉代已有发酵面、胡饼（类似芝麻烧饼）、蒸饼（类似馒头）、汤饼（类似揪面皮）等食品。

1.1.3 面点的发展

从隋唐到宋元时期，我国经济发展很快，面点也从一般小吃发展到精细点心生产，从小型的现做现卖发展到具有一定规模的作坊式生产，专业性糕点作坊生产开始形成。面坯调制种类增多，水调面应用广泛，出现了兑碱酵子发面，油酥面趋于成熟，南方米粉面也很盛行。馅心品种变得丰富多彩，动植物原料均可用于制馅，其口味甜咸酸均有。至此，一套较全面的点心制作技术和比较丰富的品种制作规模已基本形成。

1.1.4 面点的兴盛

明清时期，我国面点制作工艺已达到相当高的水平。鸦片战争后，西式食品和西式食品工业技术大量传入我国，扩大了食品种类。这个时期，中式面点的重要品种已大体定形，各个面点风味流派已基本形成，面团调制比较讲究，面点成形技法多样，馅心制作变化多端，成熟方法多种并用，面点制品更加精美。面点在筵席中占重要位置，还出现了

"面点筵席"。

1.2 中式面点制作的现状及发展趋势

新中国成立后,在党和政府的关怀下,国营饮食企业形成,完全的手工生产方式正在向半机械化、半自动化方向发展,大大提高了生产力,各地的生产技术和特色产品得到广泛交流。南方点心的制作是以小麦、稻米为主要原料,北方点心的制作是以小麦、杂粮为主要原料,南方点心的北传,北方点心的南移,大大地丰富了国内点心市场的品种。

在点心创新品种上,出现了大量的中西风味结合,南北风味结合,古今风味结合,以及许多胜似工艺品的精细的高级点心。中式面点的皮坯原料已经改变了以往只用小麦、稻米等原料来制作的做法。中式点心制作往往采用西式面点常用的原料、调辅料、口味、制作方法,来体现中西合璧风味。

在饮食供应方式上,也从担挑的小吃,沿街叫卖的早点,发展成具有一定规模的饮食点心铺店。面点已成为大中型饭店、酒席筵宴上必备的食品。

中华烹饪是"以味为核心,以养为目的"的,中式面点仍应坚持这方向,努力使面点工艺科学化,即定量化、程序化、规范化,这样才能为保存传统的面点艺术成就和手工工艺转为大批量生产工艺创造条件。此外,原料选用的多样化(如块茎类原料、果蔬类原料等),点心制作讲究营养搭配、注重科学化、注重粗粮细做,讲究快速、科学、营养、卫生、经济,业已成为中式面点制作的发展趋势。

思 考 题

1. 面点的起源及形成在哪个朝代?
2. 我国面点制作在哪个历史时期得到快速发展?
3. 我国面点风味流派形成于哪个历史时期?
4. 新中国成立后,中式面点制作发生哪些变化?
5. 谈谈中式面点制作的发展趋势。

第 2 单元

食品营养与烹饪卫生

2.1 常用食品营养价值 /6
2.2 烹饪卫生 /9
2.3 合理营养与平衡膳食 /14
2.4 人体热能与消耗 /20

2.1 常用食品营养价值

世界上没有任何一种食物能满足人体的全部需要,因为各种食物所含的营养素在质和量上都有着很大的差别。对于从事面点制作的高级点心师来讲,认识食物的种类,对其营养素有一定的了解,是十分必要的。

2.1.1 植物性食物的营养价值

1. 谷类的营养价值

我国常用的谷类主要是大米、小麦、玉米、小米和高粱。谷类食物中所含的营养素主要有:

(1) 糖类。谷类含糖约占70%～80%,主要存在于胚内。谷类所含的糖类被机体利用率很高,如小麦有93%被利用,大米有95%被利用。谷类是供给热能最经济的来源。

(2) 脂肪。谷类含脂肪很低,约为1.5%；玉米和小米的含量较高,约为4%。

(3) 蛋白质。谷类的蛋白质是人体蛋白质来源的重要部分,谷物所含的蛋白质中,必需氨基酸并不完全相同。一般来说,赖氨酸、苯丙氨酸、蛋氨酸都比较低,玉米及面粉中赖氨酸含量最少。玉米中缺色氨酸,小米中色氨酸则比较丰富。各种粮食混合食用,可以进行氨基酸平衡,提高蛋白质的利用率。

(4) 维生素。谷类中B族维生素含量较少,有一小部分维生素A和E。B族维生素多存在于胚和皮内,所以加工出的精米、精面里含B族维生素很少。维生素A和E存在于胚内。

(5) 矿物质。米、麦、玉米中含有多种矿物质,其中以磷、钾、镁、钙含量较高。全麦、全米含钙量高,加工后则减少,加工越精,含钙量越少。

(6) 水分。谷类中水分的含量通常是11%～14%。

2. 豆类及其制品的营养价值

(1) 豆类。人们日常食用的豆类有大豆、蚕豆、豌豆、绿豆和赤豆等。

豆类蛋白质含量很高,一般在20%～50%,而以大豆为最高。脂肪和碳水化合物含量不等。大豆含脂肪量18%左右,可作食用油脂原料,其他豆类仅含脂肪1%左右。蚕豆、豌豆、绿豆、赤豆等含碳水化合物在50%～60%,而大豆仅含25%。豆类可与粮食混合作为主食,能提高食物中蛋白质的质量,能提高维生素B_1、维生素B_2和矿物质的供给量。

豆粒必须干燥，大小均匀，质地坚实，具有各种固有色泽。大豆是指干黄豆而言。大豆的吃法不同，其消化率也不一样，熟整豆的消化率是 65.3%，豆腐的消化率是 92%～96%，豆浆的消化率是 84.9%。大豆营养价值之所以高，除蛋白质外，其矿物质含量如钙、磷、铁等都很丰富。在豆类中含量最多的维生素是维生素 B_1，维生素 B_2 次之。豆油中含不饱和脂肪酸较多，几乎占脂肪的 85.4%，其中又以亚麻油最丰富，此外还有磷脂，吸收率也高，是营养价值很高的脂肪。

(2) 豆芽。豆芽有黄豆芽，绿豆芽，其所含维生素 C 均比原来的干豆多。

(3) 豆浆。豆浆中所含的蛋白质并不低于鲜奶，铁的含量比牛奶高，但是所含的脂肪和碳水化合物少，维生素也比鲜奶少。如果补充其不足的营养成分，可提高营养价值。

3. 果蔬类的营养价值

(1) 豆类蔬菜。较为常见的是扁豆、四季豆、豇豆、刀豆等，豆类蔬菜中所含维生素 C 很丰富，而且矿物质含量较高。

(2) 根茎类蔬菜。较为常见的是葱头、大蒜、土豆、山药、萝卜和莴苣、竹笋等。这类蔬菜含淀粉甚多，还含有胡萝卜素、B 族维生素和维生素 C。

(3) 叶菜类。叶菜类的品种有许多，如白菜、菠菜、油菜、卷心菜等。含淀粉很少，含纤维素较多。叶菜类含铁、钾、维生素 B_1、维生素 B_2、维生素 C 及胡萝卜素。绿色叶菜含胡萝卜素相当丰富，绿色越深含量越多。腌制的菜类，其硝酸盐含量应在 20 mg/100 g 之内。

(4) 瓜果类蔬菜。这类蔬菜包括黄瓜、冬瓜、丝瓜、茄子、番茄、辣椒等。这类蔬菜含水分多，番茄含胡萝卜素和 B 族维生素和维生素 C 均多，黄瓜和青椒含维生素 C 丰富。

(5) 食用菌类。食用菌的品种很多，大体分为野生和人工栽培两大类。有香菇、草菇、银耳、黑木耳、口蘑、羊肚菌等多种。食用菌味道鲜美，有一定的营养价值和医药价值。不同的食用菌所含的营养素不同。

2.1.2 动物性食物的营养价值

1. 畜肉所含的营养素

畜肉一般是指猪、牛、羊肉及其内脏。它们的化学成分与人体肌肉的很接近，能供给人体所必需的氨基酸、脂肪、矿物质和维生素。畜肉食品的吸收率高，饱腹作用大，味美，可以烹调制成各种美味佳肴，其营养价值和食用价值都很高。肉类的营养成分随牲畜种类、部位、年龄及肥瘦的程度不同而有显著的差异。

(1) 蛋白质。肉类蛋白质的营养价值是很高的。畜肉食品蛋白质含量约在 10%～20%，肥肉中蛋白质含量较瘦肉少，是完全蛋白质。蛋白质含量较高者为牛肉，约有 12.6%～20.3%。

(2) 脂肪。肉类食品中脂肪含量约在10%～30%。其主要成分是各种饱和脂肪酸。脂肪的熔点较高，一般在33%～40%，故消化率较植物油脂低。畜类脂肪中必需脂肪酸含量也较植物油低。

(3) 糖。畜肉食品中的糖以糖原形式存在，其量约占5%。健康动物如宰前未过度疲劳，其糖原含量较高。牲畜宰后肉类在保存过程中由于酶的分解作用，糖原含量下降，乳酸含量相应增高，畜肉的pH值逐渐下降。

(4) 矿物质。畜肉含矿物质约为0.6%～1.1%，其中磷为127～170 mg/100 g，钙含量约为7～11 mg/100 g，钙的吸收率较高，铁的含量与屠宰过程中放血程度有关，约为0.3～0.4 mg/100 g。

(5) 维生素。畜肉中的维生素以硫胺素、核黄素和尼克酸较多，肝中除含有较多的B族维生素外，还有丰富的维生素A和D。

(6) 水。瘦肉中含水量为50%～75%。

2. 禽肉和蛋类所含营养素

(1) 禽肉。禽肉一般是指鸡、鸭、鹅肉。禽肉能供给人体各种必需氨基酸、脂肪、矿物质和维生素。一般禽肉比家畜肉有较多的柔软结缔组织，而且均匀分布于肌肉组织内，所以禽肉比家畜肉味道更鲜美柔嫩，并且易于消化。

禽肉的水分含量和各种畜肉的含量很近似，幼禽水分含量较多。禽肉中蛋白质约占20%，含量最高的为鸡肉，平均23.3%。禽肉中脂肪含量很不一致，鸡肉中约占1.5%～15%，较肥的鸭和鹅中脂肪可高达40%～50%。禽肉的脂肪溶点低，一般在33～40℃，易消化。禽肉也是矿物质的良好来源，所含钙、磷、铁都较多。禽类的内脏还含有丰富的维生素A，B_1，B_2等。

(2) 蛋类。常见的蛋类有鸡蛋、鸭蛋、鹅蛋、鸽蛋，其中以鸡蛋最为普遍。各种禽类的蛋在结构和营养成分的组成方面大致相同，蛋黄占32%，蛋清占57%，蛋壳占11%。可食部分平均含水70%，含蛋白质13%～15%，脂肪约为11%～15%。禽蛋主要提供蛋白质，其必需氨基酸的含量较畜肉更理想，是优质蛋白质。

蛋黄的营养价值比蛋白高。蛋中脂肪绝大部分含于蛋黄内，容易吸收。蛋类也是矿物质的良好来源，矿物质主要集中在蛋黄内，钙、磷、铁含量甚高，而且容易吸收，其中铁几乎是百分之百被机体吸收。蛋类的维生素也绝大部分在蛋黄内，以维生素A，B_2，D较多。

3. 鱼及其他水产品所含的营养素

鱼类的化学成分与肉类相似，是人类需要的蛋白质的重要来源。鱼类组织中含氮浸出物主要是粘蛋白和胶原蛋白。鱼类的肉质软嫩，味道鲜美，利用率高。其他水产品含蛋白质也很丰富,海虾为20.6%,河虾为17.5%,河蟹为14%。有些海味食品如海参、鱼翅的蛋白质含量也很高,但属于不完全蛋白质,其营养价值不是人们所想象的那么高,但医药价值较高,如海参含胆固醇极低,有滋补作用。鱼类的脂肪含量约为1%～3%,海产鱼类的脂肪含量比淡水鱼类多。鱼类中所含的矿物质约为1%～2%,海产鱼类含碘很丰富,一般水产品的含钙量也比畜肉高,鱼的铁含量也很高。鱼类肝脏中含维生素A和D,鳝鱼、海蟹中含核黄素。

2.2 烹饪卫生

2.2.1 烹饪卫生的基本内容

1. 烹饪卫生学的基本概念

烹饪卫生学是从烹饪角度研究影响食物安全和威胁人体健康的各种因素,寻找消除与控制其危害的规律,为保障人们健康,制定卫生要求、卫生标准和防护措施提供理论依据的一门科学。

2. 烹饪与卫生的关系

(1) 卫生因素贯穿整个烹饪过程。从烹饪原料的选料、加工、切配、熟制到装盘成点的各个环节都有可能涉及卫生问题。

(2) 烹饪卫生质量对于保障食物的安全具有重要作用。

3. 烹饪卫生与营养的关系

烹饪卫生是烹饪工艺的重要环节。烹饪过程中的卫生要归纳为两个方面:一是保护食物营养价值;二是最大限度减少污染。

烹饪营养是最大限度地利用食物中内在的有利因素,研究的是食物本身有益的成分,而烹饪卫生是为了最大限度地避免食物中外来的有害物质的污染,防止食物中可能出现的有害因素超出国家规定的卫生标准和卫生要求,保障人体健康。它们的目的是统一的,都是为了控制食物的有害因素。重视卫生,有利于人体营养,而重视营养,必然要求卫生质量,烹饪卫生与营养之间是相互促进、相互制约的关系。

4. 烹饪卫生质量

烹饪卫生质量是指烹饪原料经过烹饪加工,制成供人类食用的食物时达到的卫生标准和卫生要求的程度。

评价一种食物质量的好与坏,应从卫生、营养和感官性状这三个方面来衡量。

《中华人民共和国食品卫生法》第四条明确规定:"食品应当无毒无害,符合应当有的营养卫生要求,具有相应的色、香、味等感官性状。"这就是卫生质量的基本要求。只有正确认识食物卫生、营养和感官性状之间的相互关系,才能使烹饪的卫生质量符合要求。

5. 食品卫生标准

我国食品卫生标准是食品卫生法规的一部分,它包括三方面的内容:食品卫生标准、食品卫生管理办法、食品卫生检验。

食品卫生标准是食品卫生质量技术规范的重要组成部分,是国家食品卫生监督机构和食品企业必须执行和遵守的法定卫生规范,是国家用行政命令和法令的形式规定的,各种食品都必须达到的规定的卫生质量要求。

食品卫生标准的技术指标一般包括三方面:感官指标、理化指标、微生物指标。

(1) 感官指标。通过目视、鼻嗅和手触检查食品的色泽、气味、滋味,检查有无异物、霉变及腐败等现象。

(2) 理化指标。检查原料及生产加工过程带入的有毒有害物质,以及腐败变质或霉变后的有害物质。

(3) 微生物指标。主要包括菌落总数、大肠菌群和致病菌等。

2.2.2 常用烹饪原料卫生

1. 畜肉类原料卫生

畜肉类原料包括畜的肌肉、内脏及其制品。

(1) 畜肉食品营养很丰富,是微生物生长繁殖的良好基地,因此凡死因不明的死畜肉一律不准食用。

(2) 畜肉屠宰后一般会经过僵硬、成熟、自溶和腐败四个阶段。处于前两个阶段表明肉是新鲜的,自溶现象的出现标志着腐败变质的开始。

(3) 畜肉常见的寄生虫

1) 囊尾蚴。是绦虫的幼虫,寄生在猪、牛的肌肉和结缔组织中。人吃了未经煮熟的含有囊尾蚴的肉,可得绦虫病,并造成人畜之间相互感染。

2) 旋毛虫。寄生在狗、猪及野生动物膈肌等横纹肌肉部位。吃了未经煮熟煮透的肉可致病。

2. 禽蛋类原料卫生

(1) 禽肉的卫生。为了保证禽肉卫生,防止食物中毒,必须注意加强检查。宰前如发现病禽应及时处理,宰后发现病变者应根据情况做高温处理。食用禽肉类食品时必须彻底加热。

（2）蛋类的卫生。鲜蛋的主要卫生问题是沙门氏菌污染和微生物引起的腐败变质。为了防止沙门氏菌引起食物中毒，不允许以水禽蛋作为糕点原料。水禽蛋必须煮沸 10 min 以上才能食用。

3. **水产品原料卫生**

有很多寄生虫能寄生在鱼、蟹等水产品体内，常见的有肝吸虫和肺吸虫两种，人体受染原因通常是吃了半生不熟的带有寄生虫的鱼等。为了防止和减少细菌及寄生虫的污染，要求做到不论新鲜鱼或是冻鱼，购进后应立即进行初加工。不新鲜的鱼宜油炸后再烹饪。不吃死蟹、死鳝鱼、死甲鱼。鱼类食品要加热，熟透后再食用。

4. **豆制品原料卫生**

豆制品含有丰富的蛋白质，水分含量也很高，在水产、运输、销售过程中极易被微生物污染。吃了被污染的豆制品会引起食物中毒及肠道传染病，因此要加强豆制品的卫生管理，防止食物中毒及肠道传染病的发生。

5. **谷类原料卫生**

谷物因受自然条件的影响，在收获、收购、运输、保藏和加工环节中易受潮、生虫、霉变等，这会直接影响谷物的品质标准和人体健康，因而保持谷物原料卫生十分重要。

（1）谷物必须具备感官的品质标准。米粒应干燥、大小均匀、坚实、色纯洁而透明、腹白少、有香气；面粉呈白色或微黄色，不可有结块、生虫，气味和滋味正常。

（2）谷粒不应霉变。霉变的食品，较轻者要经处理后方可食用；较重者不能食用，以防霉菌毒素给人体带来危害。联合国粮食与农业组织规定粮食中黄曲霉毒素不得超过 30 $\mu g/kg$，美国规定为 20 $\mu g/kg$ 以下，我国卫生部规定玉米、小麦不得超过 20 $\mu g/kg$，大米不得超过 10 $\mu g/kg$。

（3）谷物含水量必须在允许标准内。一般不超过 13%，湿度过大易变质。

（4）谷物化学检验必须符合标准规定。米中不应有氯化苦（三氯硝基甲烷）、溴甲烷等杀虫剂。

（5）谷物中不应有微生物生命活动引起的腐败现象。

（6）谷物中不应有仓库害虫及其幼虫侵害的痕迹存在，如大谷盗、米象、黑粉虫、甲虫等。

6. **奶类及其制品卫生要求**

奶类的主要卫生问题是微生物污染。在奶和奶制品的生产加工过程中，一是被病原微生物污染，如结核杆菌、布氏杆菌和奶牛乳房炎病原菌及伤寒、痢疾菌等，传播人畜各种流行病或引起食物中毒；二是被有害微生物污染，如低温细菌、蛋白和脂肪分解菌、大肠杆菌等，致使奶或奶制品腐败变质。因此，必须加强卫生管理，严防污染。

奶的运输和储存都应在低温隔热情况下进行，并尽量缩短运输和储存时间。国际乳品联合会认为，4.4℃是冷藏牛奶的最佳温度，10℃下保藏稍差，超过15℃时奶的质量受影响。

为了保证奶类卫生质量，我国卫生检疫部门制定了消毒牛奶的卫生标准。鲜奶质量鉴别项目见表2—1。

表2—1　　　　　　　　　　鲜奶质量鉴别表

项目	鲜奶	变质奶
状态	无杂质、无沉淀、无凝块的均匀胶态混悬液	呈絮状，凝块状与水分离
滋味与气味	具固有奶香，稍有甜味，无异味	有酸败味、恶臭味、苦味
色泽	呈乳白色或稍带微黄色	白色凝块或浮清呈淡黄绿色
煮沸试验	正常沸腾，无异常变化	部分或全部凝块

各种奶制品储藏的温度、湿度的一般要求及保藏期限（自生产日起算）如下：

奶粉：库内温度应在25℃以下，相对湿度75%以下。其保藏期限：马口铁罐装1年，瓶装9个月，聚乙烯塑料袋装3个月。

奶油：一般在−10℃以下保藏，−15℃可保藏6个月，4~6℃保藏不得超过7天。

干酪：温度在3~5℃，相对湿度为88%~90%，保藏期限为6个月。在温度−5℃、相对湿度90%~92%的冷藏库内，硬质干酪可保藏1年。

7. 蔬菜和水果类原料卫生

一般来说，新鲜果蔬中亚硝酸盐含量较少，但当果蔬腐烂变质时，由于细菌和酶的作用，硝酸盐可以还原成亚硝酸盐。

蔬菜和水果易被微生物和寄生虫卵污染，易被生活污水及工业废水中的有害物质污染。果蔬中农药残留量大时对人体将产生一定危害。

8. 食品添加剂的卫生

（1）食用色素的卫生。天然食用色素是直接来自动植物组织的色素，对人体健康一般无害。人工合成食用色素是从煤焦油中分离出来的，这类色素多数对人体有害。人工合成食用色素对人体毒害作用主要有一般毒性、致泻性和致癌性。要严格管理，慎重使用。

（2）食用香料的卫生。食用香料是为了提高食品的风味而添加的香味物质。食用香精是由各种食用香料和许可使用的附加物调和而成，用于使食品增香的食品添加剂。

食用香精是加稀释剂配制而成的，其中香料的含量一般不高，在食品中香精的使用量也较少，所以在食品中香料的实际用量很小，因此，直接由于香精、香料而引起的食品卫生问题不易发现，其安全问题也不易被人们注意。但是随着人民生活水平的日益提高，香料的使用日益增多，其安全问题也需要加以重视。

此外，配制食用香精时，还要使用一些稀释剂、色素及抗氧化剂等，这些物质也要符合食品卫生要求或食品添加剂的质量标准。

2.2.3 罐头食品卫生

罐头食品在保证人们合理营养，膳食多样化上有重要的意义。罐头食品是长期储存的食品，而且有的品种可以不经烹饪直接入口，所以在卫生上有严格要求。

1. 罐头食品的污染

（1）微生物的污染。分两个方面：一方面是在罐头生产过程中，由于原料、容器中含有细菌以及操作时把细菌带入罐内，而杀菌温度、时间不够，部分耐热的细菌芽孢残留在罐内，条件适合时就可发育成繁殖体；另一方面是罐头容器封闭不严，外界微生物重新侵入。

（2）重金属污染。罐头容器常采用马口铁材料制作，内侧加涂料保护层。由于酸性食品的腐蚀，使在焊缝镀料中的锡、铁等融入食品，产生"溶出锡"现象。对金属罐盒的卫生要求是用来镀锡的锡应为纯锡，其中锡含量应为 99%，铅应少于 0.04%，锑应在 0.05% 以下。

（3）发色剂过量添加的污染。制作午餐肉时，添加硝酸钠与亚硝酸有防止腐败、抑制肉毒杆菌产毒的作用，但同时也生成亚硝酸胺。亚硝酸胺是一种强烈致癌物。我国规定午餐肉罐头中亚硝酸盐残留不得超过 50 mg/kg。

2. 罐头食品的变质及其卫生学评价

（1）胖听。储藏时，罐头的底盖部凸出称为胖听。胖听有三种情况：物理性胖听、化学性胖听、生物性胖听。

出现物理性胖听尚可食用，出现生物性和化学性胖听则禁止食用。

（2）酸败。由于平酸菌污染造成罐头酸败而不胖听。酸败会引起食物中毒，出现酸败的罐头不可食用。

（3）肉毒杆菌的败坏。肉毒杆菌有异味，剧毒，不引起胖听，这类罐头禁止食用。

3. 罐头食品的保管条件与存放

罐头应保存在通风、阴凉、干燥的地方，温度在 20℃以下，以 1~4℃最好。一般规定铁皮罐装出厂后可储存 1 年，玻璃罐装储藏期为 6 个月。

2.3 合理营养与平衡膳食

2.3.1 合理营养与合理饮食

1. 概念

合理营养是指人从饮食中所吸收的各种营养成分比例合理，能够满足人体对各种营养素的需要。

要合理营养就要合理膳食，合理膳食也可以称为平衡膳食。合理膳食要求人们要根据生长发育、生理、生活以及脑力劳动与体力劳动不同需要进食，不但要摄入足够的各种营养素，而且还应该保持各种营养素之间数量的平衡。这些平衡中有蛋白质中必需氨基酸之间的平衡，有可消化的碳水化合物与纤维素之间的平衡，有矿物质中钙与磷之间的平衡等。

由于食物中所含对人体有用的各种营养素多少不等，各种食物中所含营养素的种类、性质和数量差别很突出，所以各种食物对人体的营养需要来讲也就有很大的差异，其营养价值有高有低。为了达到合理营养的目的，应在提供膳食上做到科学、合理，更适合人体健康的需要。

2. 膳食结构

当前人类的膳食结构大致有三种基本的形式。第一种是能量过剩型，主要表现有高热量、高脂肪和高蛋白，脂肪和动物蛋白质的供应超过人体正常需要量，主要是在欧洲及北美一些生产力发达的国家。第二种是热量和蛋白质不足型，这一种多数在发展中的亚非国家。主要表现为，人体每日热能的供应 3/4 以上来自碳水化合物，脂肪和蛋白质提供的热能不足 1/4。第三种是平衡型，主要是指日本。据统计，他们国家人体热能的供应 3/5 来自碳水化合物，1/5 强来自脂肪，1/5 弱来自动物蛋白质，其膳食结构基本符合合理营养的要求。

我国是个大国，人口众多，其膳食基本属于热量和蛋白质不足型，碳水化合物的供应人体热量的 80%，蛋白质供应明显不足，而且矿物质和维生素也明显缺乏。随着生产力的发展，人民生活水平的提高，这种膳食形式已得到改进。目前在发展快的城市，人民生活水平快速提高，已出现蛋白质、脂肪、糖等热量摄入过量的人群，但偏远的乡村人们还是以碳水化合物为主要热能来源。

3. 合理饮食

要做到合理营养，就要合理饮食，其基本要求有以下几点：

（1）食品必须是无毒无害，未受到各种对人体有害物质的污染，符合卫生法对食品的要求。

（2）食品中各种营养素和热能应能满足人体的生理、生活和工作的需要。

（3）计划膳食，食品的供应尽可能做到多样，保证各种营养素的供应充分。

（4）建立合理的膳食制度，一日三餐的分配与人的日常生活规律和人的生理状况相吻合。

（5）烹制菜肴要科学合理，尽量减少食物中各种营养素的损失。

（6）要尽量具有其良好的感官性状，注意色、香、味，这样可以促进食欲，有利于消化吸收，更好地发挥各种营养素的作用。

2.3.2　合理营养的基本做法

合理营养应从两个方面做起：一是合理配餐；二是合理烹调。

1. 合理配餐

合理配餐是通过各种食物原料之间的组合式搭配，使食物所含的营养成分的种类和数量能尽量满足人体的生理和工作的需要，达到合理营养的目的。另外合理配餐在讲究营养质量的同时，也要注重菜肴的色、香、味、形，使其具有提高食欲的作用。

合理配餐的具体方法如下：

（1）菜肴的数量搭配合理。每一道菜都是由主料、配料、调料和合适的烹调方法结合而成的。注意菜肴数量的搭配，一般来讲，单一的原料品种所含的营养素不全，像肉类菜肴中的烧菜，一般没有配料，如红烧肉、烧鸡等都是用主料做的，从提高营养价值来说，可在大菜中添加些蔬菜配料，如烧肉中可加些土豆、胡萝卜或豆腐，烧鸡可加些竹笋、蘑菇等。在不影响传统风味的情况下，应加入数量不等的配料，以求具有较为全面的营养素。

（2）菜肴营养成分搭配合理。合理配餐的目的是提高菜肴中营养成分的含量和种类，使人体摄取更多、更全面的营养。对每一道菜所用的各种原料进行营养搭配，使菜肴的配料在营养成分上起到互相补充的作用。动物性原料与植物性原料在营养成分上有很大差别，做菜时两者配合有很好的互补效果。配菜时多加一些新鲜蔬菜，以补充一些易缺乏或易损失的营养素。

（3）合理处理菜肴的色、香、味的搭配。制出的菜肴具有诱人的色泽，看着美，闻着香，吃着有味，这样才能引起人的食欲，刺激消化腺的分泌，达到消化吸收的效果，提高食品的营养价值。

2. 合理烹调

合理烹调是合理营养的第二个方面。人体需要的营养素，存在于各种食物之中。根据人体对食物的营养要求，挑选富有营养的动植物原料，合理配餐，加工，使烹调出的食物营养素品种丰富，食物的色、香、味具有吸引力，易于人体的消化吸收，这就是合理烹调。

食物中的营养素会通过加热、溶解、烹调、清洗、氧化、加碱等途径损失或流失，合理烹调的目的是保证食品的质量和提高营养水平。因此合理烹调应从以下几方面做起：

（1）合理洗涤，切配。食物原料的洗涤是为了保证食品的卫生，但是注意蔬菜类食物应先洗后切。洗菜时也不宜次数过多，不要用力搓洗，以干净为度。切配菜时各种蔬菜做到现用现切，减少氧化的损失。

（2）烹调时适当加醋。由于几种重要维生素在酸性液体中稳定，不易受到破坏，所以在烹调中加醋能避免维生素的损失。在烹调动物性原料时，如红烧排骨，适当加醋也可以促进原料中的钙溶解和吸收。

（3）原料挂糊上浆、烹调时加芡。原料烹调前先用淀粉挂糊，可以在烹调时在原料外形成保护层，加热后可减少原料水分和营养素的流失。烹调时加芡可使汁汤浓稠，也可以避免营养素的损失。

（4）根据不同的原料，运用合适的烹调方法。主食类食物为了保护食品内的营养，其烹调方法最好采用蒸和煮的方法，其次为烙、烤、油煎，最后是油炸。肉类食物以炒为最合适的烹调方法，蒸、煮稍差一些，烤和炸更差。蔬菜类最好采用冷拌的方法，但需注意消毒。

2.3.3 平衡膳食

1. 平衡膳食定义

平衡膳食是为人体提供足够数量的热能和适当比例的各类营养素，以保持人体新陈代谢的供需平衡，并通过合理的原料选择和合理烹调、合理编制食谱，使膳食感官性状良好，符合食品卫生要求，适合人体的生理和心理需求，达到合理营养的目的。

我国古代医学很早就已经注意到人们的饮食与健康有着非常密切的关系。在现代营养学发展进程中，许多与营养学有关的疾病，如退行性疾病、心血管病、内分泌病、遗传性疾病，以及肿瘤等都已引起人们的重视，这些疾病与人们的饮食有着密切的关系。今天对膳食质量的评价，既建立在各类人群生理要求的科学基础上，又要摆脱不合理滥用营养物质所造成的不良影响，探求合理而平衡的膳食。因此，膳食所提供的营养素无论是过多或过少都是不合适的。为了取得全面而平衡的膳食,人们必然要求膳食能全面地提供比例合适的各种营养素,使其互相配合而相得益彰。

2. **平衡膳食的基本要求**

(1) 膳食要满足人体对营养素的需要。在膳食制备中,要有充足的热量来源,以维持体内外的活动;要有充足的生理价值较高的蛋白质,来修补身体组织;要有丰富的无机盐和维生素,来调节生理作用及增强机体的抵抗力;要有适当的纤维素和水分,来帮助人体的排泄,维持体内各种生理程序的正常进行。

(2) 营养素之间比例要适当。在人体代谢过程中,一种营养素的缺乏或不足,就可能使机体代谢凌乱,从而造成营养素之间的失衡。例如食物中糖类或脂肪含量不足时,蛋白质在体内水解成的大多数氨基酸将转变为葡萄糖,以供热能,从而不能维持机体的氮平衡;当维生素 D 摄入量不足时可影响钙在体内的吸收利用;过量的锌会干扰铜的吸收,也会大大地抑制铁的吸收。

(3) 膳食组成应多样化。多样化膳食能保证各种营养素的供给。平衡膳食是由多种食物构成的,因各种营养素在食物中的分布不均衡,营养学效应差别也大,各种食物所含的营养素的数量、种类和性质等都有一定的差异。因此,计划膳食时应根据各种食物的营养价值及特点,调整营养素在膳食中的位置和比例,使进餐者在经济条件有限的情况下,获得合理的营养。

(4) 合理烹调,促进食物的消化吸收。食物的色、香、味、形等感官性状,对人的食欲影响很大。采取优良的烹调法,可保证饭菜的色彩调和、香气宜人、滋味鲜美,不仅可以保持大脑皮层的适度兴奋,而且还可促进食欲,有利于食物的消化吸收,并能减少因烹调方法不当而使营养素受破坏损失。

(5) 膳食制度合理。合理的膳食制度能保证机体的进食量。营养学家们曾做过实验,每日进食二、三、四餐制反映最好,消化道对蛋白质消化效应也以三、四餐制为最高。因此,在正常工作情况下,以一日三餐为宜。两餐之间的间隔要保持 4~6 h,因为胃中一般混合食物的排空时间是 4~5 h。每日进餐时间应与活动内容和作息时间相适应。在三餐量的分配比例上,早餐应占全日总热量的 25%,午餐占 45%,晚餐占 30%。这种分配比例既照顾了我国人民的饮食习惯,又能使身体更好地消化食物和吸收利用营养素。

3. **膳食中的营养平衡**

人体是由蛋白质、碳水化合物、脂肪、维生素、矿物质、水和微量的生物活性物质组成的有生命和思维活动的有机体。构成人体的这些物质都是由食物中能供给营养的有效成分所提供的。膳食中的营养平衡与否,事关人体健康。研究膳食的营养平衡,对于日常菜肴与饭食的配备、宴会菜肴的营养搭配都有一定的指导作用。

（1）膳食中的氮平衡。蛋白质除含有碳、氢、氧外都含有氮，其含量相当恒定，通常为 15%～17.6%，平均为 16%。为此，只要测得食物中的含氮量，就可计算出该食物的蛋白质含量。按照上述数据计算，人体每天损失 22 g 蛋白质，每分钟大约有 10 亿细胞在不断地代谢，约有 3% 蛋白质在进行更新。然而，每人每日的供给量按损失数补充是不能维持氮平衡的。为了满足新增组织细胞形成的需要，有一部分蛋白质将在体内储留，即要求摄入蛋白质的数量大于排出量，也就是说，从食物中获得的氮要比体内排出的氮多 5%，这被称为正氮平衡。体内积存氮是用来构成和修补组织以及合成其他化合物。如果膳食中的蛋白质长期量不足或质欠佳时，机体摄入氮少于体内排出氮，处于氮的收支不平衡状态，称负氮平衡。负氮平衡的出现表示蛋白质分解的同时，不能进行相应的蛋白质合成以维持组织细胞的更新。若是长期下去，将出现夸希奥科病（恶性营养不良病），表现为消化不良、慢性腹泻、消瘦、体重减轻、发育迟缓的表现，也可导致智力发育障碍。

正常情况下，体内蛋白质中的必需氨基酸是处在一定比例范围内的，某种必需氨基酸的过多或过少，都会影响另一种氨基酸的利用，甚至发生蛋白质的合成障碍，例如当食物中缺乏苯丙氨酸时，可造成体内酪氨酸的合成障碍。赖氨酸如果没有精氨酸的配合，可造成赖氨酸的代谢混乱。为此，必需氨基酸间合理搭配十分重要。同时，还要发挥蛋白质之间的互补作用，提高利用率，如用豆腐做菜时加一些肉末，可提高豆腐的蛋氨酸含量，有利于赖氨酸的利用，大米粥中加入豆类，可提高米中蛋白质的赖氨酸含量，增加大米的营养价值，其蛋白质利用率可提高 30%。所以，在组合膳食时要注意荤菜与素菜、菜肴与饭食、动物性食物与植物性食物间的互相搭配，以提高所食蛋白质的利用效果。

（2）糖、脂肪的供给与控制。碳水化合物和脂肪都是产生能量的物质，它们之间又可互相转化，维持着体内的能量代谢。在组合膳食时若总热量中的脂肪过多，而糖类食物不足时，脂肪就大量氧化供给人体所需能量。脂肪在大量氧化的过程中会产生对人体有害的酮体，从而发生酮症酸中毒。只有在总热量中有一定比例的碳水化合物时（足以够体内代谢），脂肪在体内代谢所产生的乙酰基才能与草酰乙酸（葡萄糖氧化产物）结合，进入三聚酸循环中被彻底氧化。当糖类食物在总热量过多时，淀粉所分解的葡萄糖将通过肝脏转化为甘油、脂肪酸，合成中性脂肪，储存于皮下和体腔内，使人体肥胖。因此膳食配备要注意碳水化合物与释放的比例，按照《中国营养改善行动计划》中规定的膳食组成，我国成人，每日总热量约为 10 878 kJ（2 600 kcal），其糖类食物的供给量应控制在 64%，脂肪类食物的供给量应控制在 25% 为宜。

（3）人体中钙的平衡。人体中的钙是一种由骨骼中的钙和软组织、细胞外液及血液中称为混溶钙池中的钙维持着的动态平衡，即骨中的钙不断地从软骨细胞中进入混溶钙池，而混溶钙池的钙又不断地沉积于骨细胞中。这种钙的更新，正常成人每日需 700 mg。据测每日摄入钙 800 mg 时,即可出现钙正平衡,当钙摄入低于 500 mg 时,则明显不足,会出现钙负平衡。钙的动态平衡与蛋白质的正常摄入量及维生素 D 的正常补给量有着明显的关系。因此,补给充足的钙时也要同时多给一些蛋白质和维生素 D 多的食物,以促进钙的正平衡。

(4) 食物的酸碱平衡。人体的酸碱平衡,虽然是由体内物质代谢产物来决定的,但主要是由食物中的无机盐来调整的。人体每日从膳食中摄取大约 30 g 的矿物质,有的是碱性,有的是酸性,对于体内的酸碱平衡具有一定的意义。

食物中的碱性元素与酸性离子相互结合,即可生成具有中性的盐类,如氯化钠、磷酸钙、硫酸铁。体内的营养物质,经过氧化代谢而产生酸性或碱性物质,从而使人体的体液维持在 pH 值 7.45～7.35,维持着正常的酸碱平衡。若是体液 pH 值低于 7.30 时即可出现酸中毒,高于 pH 值 7.50 时,即可发生碱中毒。

1) 酸性食物。凡含有氯、硫、磷等离子总量较高的食品,在体内即产生酸性产物,因此可认为是酸性食物。它包括牛肉、羊肉、猪肉、禽蛋类、鱼和海产品、乳酪等动物性食品,也包括花生、核桃、李子、杨梅和黑枣等果品类。

2) 碱性食物。凡含有钙、钾、钠、镁等离子总量较高的食品,在体内即产生碱性产物,因此可认为是碱性食物,主要有蔬菜、大部分水果、豆制品、牛奶、茶类饮料等。

3) 中性食物。此类食品既不含酸性离子,又不含碱性离子,它包括各类食用油脂、黄油、奶油、淀粉和糖类食物。

2.3.4 平衡膳食的组成

人类日常膳食是由多种食物组成的。每天的平衡膳食必须包括以下四类食品,才能满足机体的营养需要和体内的酸碱代谢,以达到合理营养的目的。

1. 糖类(谷类)食品

此类可作为膳食中的主食,是供给热能的主要来源,谷类食物主要供给人体糖类,其次是蛋白质、无机盐和 B 族维生素,它也是纤维素的重要来源。但谷类蛋白质含量较低,质量较差,含有不完全性蛋白质,应通过与肉类、豆类食物配食来提高营养价值。在我国,因糖类食品含量较大,因此它也是蛋白质的重要来源。人们每天的进食量,可根据生理、生活和劳动强度来确定。

2. 蛋白质类食品

主要包括畜肉、禽蛋、水产、乳类及豆制品等。它们主要供给人体完全性蛋白质,也是维生素和无机盐特别是钙的重要来源。在每天进食的蛋白质中,动物性蛋白质和豆类蛋白质应占全部蛋白质摄取量的 40％以上。

3. 蔬菜、水果类

此类主要供给人体碱性矿物质、维生素和纤维素。在膳食中，如果缺少新鲜蔬菜，则钙、铁、胡萝卜素、维生素B、维生素C，以及纤维素等将不能满足身体的需要，而且也不易维持体液的酸碱平衡。一个成年人每天摄取400～500 g蔬菜较为适宜，可多食一些绿叶菜类，也可食用红、黄色蔬菜。在水果方面，尽可能食用柑橘、苹果、枣类等带有酸味的水果。

4. 油脂类

主要指各类烹调食用油。烹调油在膳食中除可增加食物的风味外，在营养功用方面，可供给人体必需脂肪酸、脂溶性维生素和热能等。烹调油尽量以植物油为主，它是人体不饱和脂肪酸的来源，对预防心血管动脉硬化病有着重要的作用。但也要适量食用一些动物性脂肪。世界营养学研究证明，脂肪中单不饱和脂肪酸、多不饱和脂肪酸、饱和脂肪酸之间的比例为1∶1∶1时，生理价值最高。烹调菜肴采用油温以150～200℃为好。

2.4 人体热能与消耗

2.4.1 人体热能来源

人体热能是通过食物中碳水化合物、蛋白质和脂肪获得的，食物中无机盐和维生素没有提供热能的作用。在我国，碳水化合物主要是通过谷类食物供给的。

消化机能分泌的消化液中含有多种消化酶。食物在消化酶的作用下，经过化学变化，复杂的营养物质被分解为最简单的化学物质进而被人体吸收，在体内组织中通过异化作用释放出热量。人就是依赖着这些能量来维持机体的内外环境的统一。这一变化过程可表示如下：

$$碳水化合物 \xrightarrow[（淀粉酶）]{消化酶} 葡萄糖 \xrightarrow[（氧化）]{异化作用} \begin{cases} CO_2 \\ 能量 \\ H_2O \end{cases}$$

碳水化合物和脂肪在体内氧化，最后生成二氧化碳和水；蛋白质分解成为氨基酸后，在体内氨基变成脂肪酸，同样也被氧化，产生二氧化碳和水。营养素在体内被氧化成为二氧化碳和水并放出能量的过程称为生物氧化。生物的这种氧化主要生成热能，来提供人的生命及从事各种活动所需要的能量。

食物中热能营养素的来源，因机体中的作用、饮食习惯和各地所产食品的种类不同而有差异。一般情况下，我国人民膳食中大约总热量的60%～70%来自碳水化合物，10%～14%来自蛋白质，16%～20%来自脂肪。蛋白质虽然也提供一部分热能，但其在机体内的主要功用是形成人体的有形成分，维护生长发育，并非供给热能。

2.4.2 人体热能消耗

人在生命过程中，每一个动作都要进行能量消耗。一般来讲，能量消耗是通过以下几个方面进行的。

1. 基础代谢耗能

人体在清醒、安静状态和空腹时，生命活动所需要最低限度的热量，称为基础代谢热能。基础代谢与性别、年龄、体表面积、体重、内分泌状态和气温等都有着密切关系。

此外，气温变化对人体的能量代谢也有一定的影响。在舒适环境（20～25℃）中，代谢最低；在低温和高温环境中，代谢都会升高。

2. 食物特殊动力作用耗能

进食数小时内可使机体代谢率提高，"额外"增加热能的消耗，称为食物的特殊生热作用或食物的特殊动力作用。经过科学测定，正常成人若进食混合膳食，则能量代谢比原来的基础代谢率增高10%；若吃全蛋白质食物，则增加热量消耗可达30%；若吃糖类脂类食物，则可增加热量消耗4%～6%。

食物特殊动力作用，只是增加机体能量消耗，并非增加能量来源，因此在计算能量时应考虑这部分的"额外"消耗。

3. 劳动代谢耗能

人们由于要进行生活和为社会创造财富，必须进行各种活动，此种活动是人体能量消耗的主要方面。

（1）劳动耗能。劳动一般分为体力劳动和脑力劳动两个方面。一般来讲，劳动强度越大，热量消耗越多。经科学测定，我国一般普通劳动需能量约为10 000 kJ/天，重体力劳动约为16 000 kJ/天。

（2）生活耗能。生活耗能主要指人们的日常生活所消耗的热量，如走路、谈话、打扫卫生等。这些活动也会消耗一部分热能。

2.4.3 热能计算和热能的供给量

1. 热能计算

（1）热能计算单位

1）焦耳（J）。焦耳是指用"1牛顿"力把1 kg重物体移动1 m所需要的能量。这是国际单位制能量计量单位。1千焦耳是1 000焦耳。

2）千卡（kcal）。千卡是指1 kg水由15℃升高1℃所需要的热量，其全称为"千克卡"，这是营养学过去常用的单位。

3）千卡与焦耳的换算

$$1 \text{ kcal} = 4.184 \text{ kJ}$$
$$1 \text{ kJ} = 0.239 \text{ kcal}$$

（2）食物热价。食物热价是指1 g营养物质在同等量氧的作用下所释放的热量。如1 g碳水化合物或蛋白质同0.81 L氧在体内发生反应可产生17.2 kJ热量，1 g脂肪同0.81 L氧在体内发生反应可产生38.9 kJ热量。

由于食物中所含营养素在消化道内并非全部被吸收，所以营养素在体内氧化释放能量时，还应考虑吸收率。正常人吃普通混合膳食时，碳水化合物的平均吸收率为98%，脂肪为95%，蛋白质为92%。因此营养学中规定碳水化合物和蛋白质的热价均为16.7 kJ（4.0 kcal），脂肪热价为37.6 kJ（9.0 kcal）。

（3）食物中的热量计算。先查出所吃食物产热营养素的含量，再乘以各营养素的热价，将三者热量加起来，即为该食物的热量。

例：100 g米饭的热量是多少？

解：100 g米饭中蛋白质1.9g，脂肪0.5 g，碳水化合物28.8 g。

其热量是：$1.9 \times 16.7 + 0.5 \times 37.6 + 28.8 \times 16.7 = 531$（kJ）。

（4）人体能量供给。从食物中摄取的能量和身体所消耗的能量应保持平稳状态，否则就会引起体重的减轻或增加，但并非每天内摄取和消耗的能量总是相等的，一般情况下健康人在5～7天内能量摄入量和消耗量之间是保持平衡的。因此，人体热能的消耗量即为供给量。

人体对热能的需要是根据劳动种类、年龄、性别等因素来确定的。其供给量的标准，是根据基础代谢、食物的特殊动力和劳动强度而制定的。

思 考 题

1. 谷类食物中含有哪些营养素?
2. 豆类食物中含有哪些营养素?
3. 畜肉类原料含有哪些营养素?
4. 烹饪卫生的基本内容有哪些?
5. 我国食品卫生标准包括哪三方面内容?
6. 食品卫生标准的技术指标有哪些?
7. 畜肉类常见的寄生虫有哪些?
8. 禽蛋类原料卫生包含哪些内容?
9. 豆制品原料卫生包含哪些内容?
10. 食品添加剂的卫生包含哪些内容?
11. 罐头食品卫生常识包含哪些内容?
12. 合理营养的定义是什么?
13. 合理配餐的定义是什么?
14. 合理烹调的定义是什么?
15. 如何减少食物在烹调时营养素的损失?
16. 平衡膳食的基本要求是什么?

第 3 单元

原料的选择与合理使用

3.1 面点原料　/26
3.2 调味品　　/28
3.3 食品添加剂　/32
3.4 膨松剂　　/39

3.1 面点原料

3.1.1 面点原料的种类

面点制作与菜肴烹调是我国饮食业的两个主要的生产环节,凡是用来烹制菜肴的原料,都可开发成制作面点的原料。我国幅员辽阔,海岸线漫长,高山平原纵横交错,江河湖泊星罗棋布。因此,各种山珍海味、飞禽走兽、禽蛋鳞爪、粮食谷物、瓜果时蔬等应有尽有,这些都是用来制作面点的优质原材料。

制作面点的原材料一般分成三类,即皮坯原料、制馅原料、调味和辅助原料。

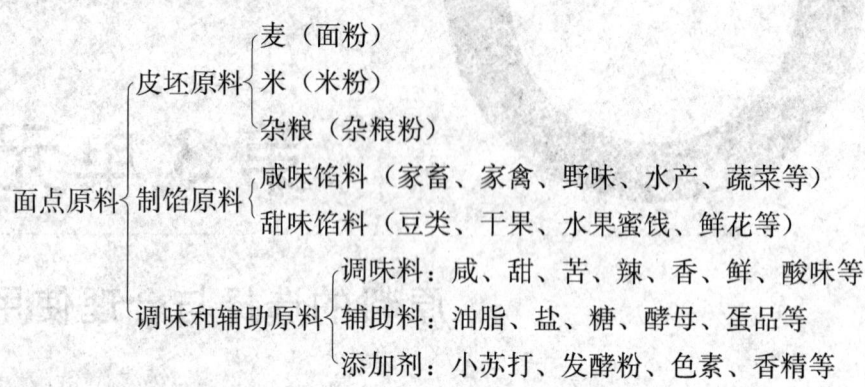

面对丰富繁多的烹饪原料,正确选择和使用原料对制作面点影响很大。因为各种原料都具有其各自的特性及用途,即使是同一种原料也会因季节不同、产地不同或加工方法不同而有优劣之分。因此,在面点制作中,必须认真选择最适当的原料,发挥原料的最大用途,使制出的成品既符合品质要求,又经济实惠、营养可口。这就要求每个面点师必须正确选择和合理使用面点制作原料。

3.1.2 面点原料的选择

1. 熟悉皮坯原料的性质和用途

制作面点的皮坯原料一般选自各种粮食谷物的粉料。而粮食谷物的品种较多,它们的性质和用途也不尽相同,例如,同为粮食的米粉与面粉,虽然它们都主要含有蛋白质、淀粉,但面粉中的蛋白质主要是麦胶蛋白和麦麸蛋白,它能与水结合形成面筋网络,使面团有劲，成品成熟后吃口有嚼劲；而米粉中的蛋白质主要是谷蛋白和谷胶蛋白，它不能与水结合形成面筋网络，因而面团比较松散，极大地限制了面点品种的制作，但米粉制品的吃口细腻、糯而不黏、较柔软。因此，同为皮坯原料的各种粮食，由于它们各自的性质存在差异，制作方法也随之而异，如不熟悉所使用的原料性质，千篇一律地使用同一种方法去操作，不但会严重影响制品的质量，而且也容易造成浪费。

2. 根据面点的要求选用馅料

面点制作讲究色、香、味、形，因此，对所选用的馅料，必须严格选择，否则会影响成品的规格和质量。如制作鲜肉包时，根据卤鲜馅嫩的要求，应选择前夹心肉；制作蔬菜包时，要根据蔬菜包鲜嫩味美的要求，选择新鲜、质嫩、脆、质地好的蔬菜；对于甜馅品种，要选择质地干净、肉厚、色泽光亮、无虫蛀、无霉变、干燥的果实等。总之，只有根据面点品种的要求，按部位、品质选择馅料，才能保证成品良好的品质。

3. 熟悉调味料和辅助料的性质和使用方法

面点制作中所使用的调味料和辅助料品种众多，性质各异，它们对点心风味的形成、花色品种的增加、产品质量的提高具有很大的作用，因此，必须掌握它们的性质和使用方法。如有些调味料既可以用于面点制作中调制馅心，使面点的口味具有酸、甜、苦、辣、咸等多种滋味，又可直接用于调制面团或其他皮坯，使得面点制品的品质得以提高。也有一些调味料可以增加面点的体积，使面点变的柔软、膨松、酥脆等，而且也能使面点的色泽美观、香气扑鼻、味道鲜美。这就要求对各种调辅料的了解要充分，以合理地选择使用。此外，在使用一些特殊辅料时，要严格按照食品卫生要求使用，如色素、香精、添加剂等，使用合理，它们能使面点色、香、味俱佳，但如过量使用，就会危害消费者的身体健康。

4. 注意各种原料的质量特点和配制方法

要使制作的面点品种味美适口，形成一定的特色，必须注意各种原料的质量特点，恰当地选用原料并合理的配制，否则难以达到理想的效果。例如，同为猪肉，由于它们来自不同的部位，可分为五花肉、上脑肉、夹心肉、里脊肉等，使用不同部位的肉，调制出的馅心口感、风味、质地有明显差别。又如，同为米粉，有糯、粳、籼米粉之分，而这三种粉质的黏糯性不一。在面点制作中，用纯糯米粉，成品黏、糯，但不成形，影响质量；用纯籼米粉，成品不黏、较硬、吃口不好，也影响成品的质量。只有在充分了解它们的性质特点后，进行合理的配制，才能制出既便于制作成形，又吃口柔软的成品。

5. 了解原料的加工和处理方法

制作面点所使用的原料，无论是皮坯原料还是制馅原料，它们在制作前均要进行初步加工和处理这一过程。不同的面点，其原料的加工和处理方法也不同，如制作皮坯的原料米类和麦类，它们在制作面点制品时，除米饭、粥等品种外，一般均须磨成粉后才能运用。由于磨制粉的过程中，加工方法不同，粉的粗细程度也不同。如米粉制品有的品种需要用粗粉制作效果好，而有的品种则偏重于用细粉，因此，必须根据面点的要求分别采用水磨、湿磨、干磨等方法磨制米粉，使之适应面点制作的要求。原料不同的处理方法能够使成品千差万别。如同为面粉，由于在调制过程中，分别用温水、冷水、热水调制面团，就使得面团劲力大小得到改变，从而形成各种性质、吃口不一的面点品种。因此，充分了解原料的加工和处理方法，加以灵活运用，才能制作出丰富多彩的面点制品。

3.1.3 常用不同品质的面粉

1. 按面筋蛋白质含量分类

（1）高筋面粉。高筋面粉的蛋白质含量为11.5%～14.5%，由硬质麦加工而成，其特点是面团吸水量高，制作的成品弹性较强，色泽自然，韧性足，常用来制成水调面团类点心，如葱油饼、小云吞等。适用高筋面粉制作的点心还有面包。

（2）中筋面粉。中筋面粉的蛋白质含量约为10%，由普通麦制成，其面团特点为吸水量适中，面团具有一定的可塑性，韧性较好，常用来制作各类酥皮点心，如包子、馒头、苏式月饼等点心。

（3）低筋面粉。低筋面粉的蛋白质含量为7.8%～8.5%以下，其特点粉质较细腻，粉心粉含量高，蛋白质质地优良，面团可塑性强，常用其制成各种甜包类点心，如广式叉烧包、奶黄包、刀切馒头等。

2. 面粉及面制品的储藏

面粉具有吸湿性，其水分含量随着相对湿度的变化而增减。面粉湿度过大会使面筋性质改变，酸度增加，使霉菌生长很快，容易产生霉变，所以，由面粉制成的面制品如馄饨皮、饺子皮、新鲜面条等在加工后应储藏在0～4℃的低温中。面粉须储存在通风环境良好的地方，最佳温度18～24℃，相对湿度55%～70%。

3.2 调 味 品

在菜点烹制过程中，凡能起到突出菜点口味，改善菜点外观，增进菜点色泽的非主、辅料食品，统称调味品。调味品的种类甚多，有狭义和广义之分。狭义调味品专指具有芳香气和辛辣味的食品，如葱、姜、蒜、花椒、桂皮、茴香、胡椒等，广义调味品指包括甜、咸、酸、苦、鲜等味的食品，诸如食糖、盐、酒、醋、酱油、味精、食油等。

我国对调味品的制造和应用已有相当长的历史。根据《吕氏春秋·本味》记载，在周代就有酱和醋等调味品了。孔子在《论语》中也提到"不得其酱不食"的说法，可见当时对调味品的食用已有相当的认识，而且还根据季节的不同，总结了"春多酸、夏多苦、秋多辛、冬多咸"的应用调味品的规律。人们对调味品的不断认识和运用，对我国的烹饪技术的发展及地方菜风味特色的形成起着重要的作用。

学习和研究调味品原料的性质、特点、作用及其使用方面的知识，能帮助面点师提高面点制作技术，掌握调味规律，调制出口味鲜美的点心。

3.2.1 调味品的特点及作用

调味品的每一个品种，都含有区别于其他原料的特殊成分，这是调味品的共同特点也是调味品原料具有调味作用的主要原因。

调味品的特殊成分能除去腥臊异味，能突出菜肴的口味，还能改变菜点的外观形态，增加菜点的色泽光彩，并以此促进人们的食欲，比如葱、姜、酒、醋、糖、味精、盐及一些香料都能有效地起到除异味、增滋味、提香味等作用。

调味品还含有人体必需的营养物质，如酱油、盐含有人体需要的氯化钠等矿物质类，食醋、味精等含有不同种类的多种蛋白质氨基酸及糖类，油脂更是人体所需脂肪的重要来源。某些调味品还具有增强人体生理机能的药效。

3.2.2 调味品味的成分

每种调味品基本上都有自己特定的呈味成分，这与其化学成分的性质有极密切的联系。不同的化学成分，可以引起不同味觉。日常生活中的调味品主要呈咸、甜、酸、辣、鲜、香、苦等味。

1. 咸味

咸味的主要来源是盐。食盐的化学名称叫氯化钠，产生咸味的就是氯、钠及其他一些矿物质类的成分。另外具有咸味的调味品还有酱油及其他一些酱类，它们都是含有食盐成分的加工制品，其咸味仍由氯化钠等产生。

2. 甜味

甜味调味品有食糖、蜂蜜和糖精。食糖由有机碳水化合特有的粮类成分提炼而成，蜂蜜是人工养殖的蜜蜂采花酿成。它们的甜味主要来源于具有生甜团及氨基羟基的葡萄糖、果糖、半乳糖、蔗糖和麦芽糖等化合物，其甜度因提炼的不同程度和方法而异。甜度一般以蔗糖为标准。蔗糖是食糖的主要成分，蔗糖是由两个单糖分子结合而成的糖，经水解能生成一个分子的葡萄糖和一个分子的果糖。果糖的甜度大大高于蔗糖。糖精是人工合成的甜味品，甜味由矿物质类的糖精钠产生。

3. 酸味

酸味是由有机酸和无机酸盐类分解为氢离子所产生。调味用的各种食醋、番茄酱及腐败变质的酱油和酒都有酸味。酸味的主要成分是醋酸、乳酸、酒石酸等，它们都为有机酸。有机酸是一种弱酸，能参与人体的正常代谢，一般对人体健康无影响，能溶于水，其酸味远不及无机酸强烈。

4. 辣味

辣味是一些不挥发的成分刺激口腔黏膜所产生的感觉。辣味的成分很复杂，比如辣椒的辣味是由辣椒碱成分产生，胡椒的辣味则是辣椒碱和椒脂成分产生，生姜的辛辣味则由姜末酮和姜辛素成分产生，葱蒜的辛辣味系蒜素所致。

5. 鲜味

调味品中味精、虾子、蚝油、鱼露酱油等都有鲜味。鲜味的有效成分主要是各种酰胺、氨基酸、弱酸等的混合物，如味精、酱油的鲜味就是氨基酸类的谷氨酸钠，又如蚝油的鲜味除琥珀酸的作用外，还来自各种酰胺和氨基酸。

6. 香味

各香味主要来源于挥发性的芳香醇、芳香醛、芳香酮以及酯类和萜烯类等化合物质。烹调中常用的调味品大茴香、小茴香、丁香、桂皮、花椒等都含有这类化学成分。黄酒、香糟、芝麻油、芝麻酱、桂花酱和酱油等也都有香味，它们的香味也来自这类化学成分。如芝麻油、芝麻酱含有酚基化合物芝麻素，经加热焙炒，香味才溢出。桂花酱和玫瑰酱的香味主要由酯类与醇、醛类等物质构成。黄酒和香糟的香味来自酯类。酱油的香味是酯类、胺类、醛类及酸类所形成。

另外，人工合成的香精也有香味。香精的香味成分比较复杂，但基本与天然香料的一些酯类及醛类相同，根据配制原料比例的不同，可以用各种酯类、醛类、酮类、醇类来配制天然花果的香味。因此，香精往往具有各种天然的香味，如香蕉味、茉莉花香味、薄荷味等。

7. 苦味

除以上叙述的几种味外，有些调味品含有苦味。苦味来源于黄嘌呤物质的生物碱，如茶叶碱、可可碱、咖啡碱都有苦味，糖和酮类的化合物以及粗盐中含有的氯化镁、硫酸镁等物质也有苦味。

3.2.3 调味品的分类

从味的种类可以将调味品的各种原料归纳分类。调味品根据其特有的味大体可分为八大类,见表 3—1。

表 3—1　　　　　　　　　　　调味品的分类

分类	说　　明
咸味类	食盐、酱油以及以咸为主或带有咸味的各种酱类,如干黄酱、稀黄酱等
甜味类	食糖、糖精、蜂蜜和饴糖等
酸味类	食醋、番茄酱等
鲜味类	味精、虾子、蚝油、虾油、鱼卤、腐乳卤等
辣味类	胡椒粉、辣椒粉、芥末粉、咖喱粉、辣椒酱、辣椒油等
香味类	品种较多,有酒、酒糟、桂皮、大茴香、花椒、丁香、小茴香及一些中药材香料,还有五香粉、桂花、玫瑰和香精等
苦味类	陈皮、杏仁、砂仁等

3.2.4　复合调味品

1. 复合调味品的分类

复合调味品是指两种以上单一调味品经加工再制而成的调味品。

复合调味品分为市场上常见的复合调味品和引进的复合调味品两大类。

中式面点工艺使用的市场上常见的复合调味品有甜咸味、鲜咸味,鲜甜味和香辣味等品种。中式面点常用的引进的复合调味品有液态的、粉状的、浆菜状的等。

2. 市场上常见的复合调味品

（1）甜咸味。以甜咸味为主,尚有鲜香味,食之甜中有咸,咸中有鲜香。中式面点工艺中最常用的有甜面酱,面捞芡等。

1）甜面酱。以面粉为主要原料,与食盐经发酵制成,口味醇厚鲜甜。

2）面捞芡。以面粉、大油、酱油、白糖、盐为原料制成,口味大甜大咸。

（2）鲜咸味。由咸味和鲜味组成,是复合味中最基本的一种。中式面点工艺中较常用的品种有五香粉、椒盐、腐乳等。

1）五香粉。以八角、小茴香、桂皮、五加皮、丁香、甘草、花椒等各种香料加工混合制成,使用时略加盐,味浓香略咸。

2）椒盐。由精盐和花椒粉混合而成,味咸鲜带香。

3）腐乳。是用大豆先制成豆腐坯,再经发酵、腌制,加入汤料,密封制成,具有强烈的鲜味。

（3）香甜味。由香味和甜味组成。中式面点工艺中较常用的品种有桂花酱、糖玫瑰等。

1）桂花酱。以糖与桂花腌制而成,味甜清香,有桂花香味。

2）糖玫瑰。由玫瑰花糖渍而成,味甜,有浓郁的芳香味。

(4) 香辣味。香辣味的类型较多,主要是由咸、香、辣、酸、甜等味调和而成。中式面点工艺中较常用的香辣味调味品有鲜辣粉、咖喱粉等。

1）鲜辣粉。由白胡椒粉和味精混合而成,具有胡椒的香辣和味精的鲜味。

2）咖喱粉。用姜黄、白胡椒、小茴香、碎桂皮、干姜、大茴香、花椒等香料加工配制而成,口味香中带辣。

3. 各种引进的调味品

中式面点工艺中所用的引进的复合调味品有:液态调味品,如柠檬汁、草莓汁;粉状调味品,如吉士粉、咖喱粉;酱菜状调味品,如番茄酱、咖喱酱、芒果酱、菠萝酱等。

3.3 食品添加剂

3.3.1 食用色素

食用色素是以食品着色为目的的食品添加剂,按来源性质,可分为食用合成色素和食用天然色素。

1. 食用合成色素

食用合成色素是以煤焦油为原料制成的,故通称煤焦色素或苯胺色素。

(1) 食用合成色素的一般性质

1）溶解性。影响合成色素溶解度的因素主要有温度、pH 值、盐类、水的硬度,见表3—2。

表3—2　　　　　　　　　影响合成色素溶解度的因素

因素	说明
温度	水溶性色素的溶解度随温度的上升而增加,但增加量依色素的不同而不同
pH 值	一般在 pH 值低的情况下,合成色素溶解度降低
食盐类	盐类可发生盐析作用,降低合成色素溶解度
水的硬度	水的硬度高,易使色素变成难溶解的色素沉淀

2) 染着性。食品的着色可分为两种情况：一种是使之在液体或酱状的食品基质中溶解，混合成分散状态；另一种是染着在食品的表面。后者要求对基质有一定的染着性，如染着在蛋白质、淀粉以及其他糖类的上面。不同色素的染着性不同。

3) 稳定性。稳定性是衡量食用色素品质的主要指标。影响合成色素稳定性的因素主要有热、酸、碱、氧化、日光、盐、细菌等因素，见表3—3。

表3—3　　　　　　　　　　　影响合成色素稳定性的因素

因素	说明
耐热性	色素的耐热性与共存物质糖类、食盐、酸、碱等有关。当与上述物质共存时，多促使其变色、褪色
耐酸性	合成色素在酸性强的溶液中可能形成色素沉淀或引起变色
耐碱性	使用碱性膨松剂的糕点，要考虑色素的耐碱性问题。这些食品都需要高温处理，所以影响较大
耐氧化性	合成色素的耐氧化性与空气的自然氧化、氧化酶的影响、含游离氧或残存次氯酸钠的用水、共存的重金属离子等有关
耐日光性	合成色素的耐日光性随水的性质及与色素共存的种类不同，有所差异
耐盐性	主要是腌制制品合成色素耐盐性问题。不同的色素在不同的盐浓度条件下，稳定性不同
耐细菌性	不同的合成色素对细菌的稳定性不同
耐还原性	合成色素可因还原作用而褪色

几种合成色素的使用性质比较见表3—4。

表3—4　　　　　　　　　　几种食用合成色素使用性质比较

名称	溶解性			稳定性							
	水	乙醇	植物油	耐热性	耐酸性	耐碱性	耐氧化性	耐还原性	耐光性	耐食盐性	耐细菌性
苋菜红	17.2%（21℃）	极微	不溶	1.4	1.6	1.6	4.0	4.2	2.0	1.5	3.0
胭脂红	23%（20℃）	微溶	不溶	3.4	2.2	4.0	2.5	3.8	2.0	2.0	3.0
柠檬黄	11.8%（21℃）	微溶	不溶	1.0	1.0	1.2	3.4	2.6	1.3	1.6	2.0
日落黄	25.3%（21℃）	微溶	不溶	1.0	1.0	1.5	2.5	3.6	1.3	1.6	2.0
靛蓝	1.1%（21℃）	不溶	不溶	3.0	2.6	3.6	5.0	3.7	2.5	4.0	4.0

注：稳定性栏内，1.0～2.0表示稳定，2.1～2.9表示中等程度稳定，3.0～4.0表示不稳定，4.0以上表示不稳定。

(2) 食用合成色素的配色

1) 基本色。又称原色，指能混合成其他一切色彩的色，即红、黄、蓝。在烹饪美学中，食品为五原色，即红、黄、绿、白、黑。

2) 二次色。又称间色，二次色由两种基本色混合而成，如橙、绿、紫。

3) 三次色。又称复色，两间色相加即成三次色，如黄灰、红灰、蓝灰。

三原色拼制的不同色谱如图 3—1 所示。

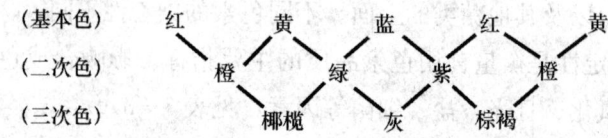

图 3—1　三原色拼制的不同色谱

合成色素溶解于不同的溶剂中，可能产生不同的色调。某些色素用水或酒精作溶剂，可能配制出不同色调的溶液。另外，食品本身的干潮变化可能出现所谓"浓缩影响"。各种色素对日光的稳定性不同，褪色的快慢也各不相同。

色素溶液的配制应注意以下几点：第一，色素溶液浓度（质量分数）为 1%～10%。第二，色素溶液应按每次用量配制。第三，色素溶剂应选用蒸馏水或冷却后的沸水。

(3) 常用的合成色素。我国允许使用的合成色素有苋菜红、胭脂红、柠檬黄、日落黄、靛蓝。

1) 苋菜红（$C_{20}H_{11}O_{11}N_2S_3Na_3$）。为红色均匀粉末，无臭，0.01% 的水溶液呈玫瑰红色，不溶于油脂。耐光、热、盐、耐酸性良好。对氧化、还原作用敏感。

2) 胭脂红（$C_{20}H_{11}O_{10}N_2S_3Na_3$）。为红至深红色粉末，无臭，溶于水呈红色，不溶于油脂。耐光、耐酸性尚好，耐热、耐还原、耐细菌性较弱。遇碱变成褐色。

3) 柠檬黄（$C_{16}H_9O_9N_4S_2Na_3$）。为橙黄色均匀粉末，无臭，0.01% 水溶液呈黄色，不溶于油脂。耐热、耐酸、耐光、耐盐性均好，耐氧化性差，遇碱稍变红，还原时褪色。

4) 日落黄（$C_{16}H_{10}O_{11}N_2S_2Na_2$）。为橙色颗粒或粉末状，无臭，0.1% 水溶液呈橙黄色，不溶于油脂。耐光、耐热、耐酸性极强。遇碱呈红褐色，还原时褪色。

5) 靛蓝（$C_{16}H_8O_8N_2S_2Na_2$）。呈蓝色均匀粉末状，无臭，0.05% 水溶液呈深蓝色，不溶于油脂。对光、热、酸、碱、氧化均很敏感，耐盐性、耐细菌性较弱，还原时褪色，染着力好。

2. 食用天然色素

食用天然色素是指由动植物组织中提取的色素。

(1) 食用天然色素的一般特性。食用天然色素与食用合成色素相比，具有以下特点：

1) 天然色素多来自动植物本身，因而使用时安全可靠；有些天然色素就是食品的正常成分，因而对人体还有营养和疗效作用；色调自然。

2) 天然色素多难以溶解，不易染着均匀；因为是从天然物中提取的，受共存成分的影响，有时有异味；随 pH 值的变化，有时有色调变化；染着性差，有些天然色素与基质反应而发生变色的情况；难以用不同色素配制出任意的色调；在加工及储存中，由于外界因素的影响多易劣化。

（2）常用的天然色素。我国允许使用红曲米、紫胶色素、β-胡萝卜素、叶绿素铜钠及焦糖5种天然色素，性状如下：

1）红曲米（红曲色素）。红曲米为整粒米或不规则的碎米，外表呈棕紫红色或紫红色，质脆，断面粉红，无虫蛀或霉变，微有酸气，味淡。溶于热水及酸、碱溶液，pH值稳定，耐热、耐光性强，几乎不受金属离子和氧化、还原剂的影响，对蛋白质的染着性好，一旦染着后经水洗也不褪色。

2）紫胶色素（紫草色素）。紫胶色素是紫胶虫在某些植物上所分泌的紫原胶中的一种色素成分，为鲜红色粉末。纯度越高，在水中的溶解度越小；在酸性时对光和热稳定，色调随pH值改变而改变（pH值<4.5时为橙黄色，pH值=4.5～5.5时为红色，pH值>5.5时为紫红色，pH值>12的环境下放置则褪色），易溶于碱液，易与碱金属以外的金属离子生成沉淀。

3）β-胡萝卜素。β-胡萝卜素广泛存在于动植物组织中，如胡萝卜、辣椒、蛋黄、奶油等，为红紫色至暗红色的结晶状粉末，稍有特异臭味。不溶于水和甘油，溶于橄榄油，弱碱性时较稳定，对酸、光、氧不稳定，色调在低浓度时呈橙黄到黄色，高浓度时呈红橙色，重金属离子可促使其褪色。

4）叶绿素铜钠。叶绿素广泛存在于一切绿色植物中，因此多从植物中提取叶绿素。叶绿素铜钠为有金属光泽的墨绿色粉末，有胺样臭气，水溶液呈蓝绿色、透明、无沉淀，耐光性较强。

5）焦糖。焦糖又称酱色、糖色，是我国的七种传统色素之一，由于使用的原料和制造的温度不同，其性状有一定的差异。焦糖为红褐色或黑褐色的液体或固体，易溶于水，色调不受pH值及在空气中过度暴露的影响，pH值>6.0时易发霉。

3. 食用色素的保管

食用色素的保存方法见表3—5。

3.3.2 食用香料和食用香精

食用香料是指能够用于调配食用香精，并使食品增香的物质。它不仅能够增进食欲，有利消化吸收，而且对增加食品的花色品种和提高食品质量具有很重要的作用。

1. 食用香料的分类

食品香料按其来源和制造方法等的不同，通常分为天然香料、天然等同香料和人造香料三类。

表 3—5　　　　　　　　食用色素的保存

种类	项目	保存
合成色素	苋菜红	因吸湿性强，应存于干燥、阴凉处。长期保存时，应装于密封容器中，防止受潮变质
	胭脂红	
	柠檬黄	
	日落黄	
	靛蓝	
天然色素	红曲米	密封保存
	紫胶色素	密封，不可直接接触铜、铁器
	β-胡萝卜素	置遮光容器中，填充氮气，在阴凉处保存
	叶绿素铜纳	密封，在干燥处保存
	焦糖	密封保存

（1）天然香料。它是用纯粹物理方法从天然芳香植物或动物原料中分离得到的物质，通常认为它们的安全性高，如精油、酊剂、浸膏、净油和辛香料油树脂等。

（2）天然等同香料。它是用合成方法得到或由天然芳香原料经化学过程分离得到的物质。这些物质与供人类消费的天然产品（不管是否加工过）中存在的物质，在化学上是相同的。这类香料品种很多，占食品香料的大多数，对调配食用香精十分重要。

（3）人造香料。它是在供人类消费的天然产品（不管是否加工过）中尚未发现的香味物质。此类香料品种较少，它们均是用化学合成方法制成，且其化学结构迄今在自然界中尚未发现存在。基于此，这类香料的安全性引起人们极大关注。人造香料又称为人工合成香料，分为单体香料和合成香料。

2. 常用天然香料

（1）肉桂油。别名中国肉桂油。

1）基本性状。由中国肉桂的枝、叶或树皮或子实用水蒸气蒸馏法提取制成，粗制品是深棕色液体，精制品为黄色或淡棕色液体，放置日久或暴露于空气中会使油色变深，油味变稠，严重的会有肉桂酸析出，可溶于冰乙酸醇。

2）最大用量。面点制作工艺中最大使用量为：73 mg/kg。

（2）玫瑰油

1）基本性状。由多种新鲜玫瑰花经蒸汽蒸馏制得，为无色至黄色液体，25℃时为黏稠液体，在逐渐冷却过程中，变为半透明结晶状固体，加热时会液化。

2）最大用量。面点制作工艺中最大使用量为：1.2 mg/kg。

（3）留兰香油

1）基本性状。用水蒸气蒸馏法从留兰香带花序的茎叶中提炼制得，为无色至黄色、黄绿色液体，具有甜清带凉的轻微药草气味，与新鲜的留兰香叶片的香气一样。

2）最大用量。面点制作工艺中最大使用量为：270 mg/kg。

（4）甜橙油

1）基本性状。用冷磨法或冷榨法或水蒸气蒸馏法从甜橙全果种或果皮中提取，为橘黄色至深橘黄液体，呈青果香、甘香香气，可与无水乙醇混溶，久存易变质。

2）最大用量。面点制作工艺中最大使用量为：430 mg/kg。

3. 食用香精

食用香精是指由芳香物质、溶剂或载体以及某些食品添加剂组成的具有一定香型和浓度的混合体。其中的芳香物质是天然香味物质、天然等同香味物质和人造香味物质。溶剂有食用乙醇、蒸馏水、丙二醇、精制食用油和三乙酸甘油酯等，含量通常占50%以上，目的是使香精成为均一产品并达到规定的浓度。载体有蔗糖、葡萄糖、糊精、食盐和二氧化硅等，主要用于吸附或喷雾干燥的粉末状食品香精中。

食用香精在形态上可以是液体或浆体，也可以是粉末，并可以从不同的角度进行不同的分类。

（1）食用香精的分类

1）水溶性香精。通常也称水质香精。在一定比例下，可在水中完全溶解，溶液透明澄清，香气比较飘逸，适用于以水为介质的食品。

2）耐热性香精。通常也称为油质香精。其特点是香气比较浓郁、沉着和持久，香味浓度较高，相对来说不易挥发，适用于较高温度操作工艺的食品加香，如加工饼干和糕点等。

3）乳化香精。其外观呈乳状，加入水中能迅速分散并使之呈混浊状态，适用于需要浑浊度的果汁和果味饮料等。

4）微胶囊香精。其特点是对香精中易氧化、挥发的芳香物质可起到很好的保护作用，从而延长加香食品的保质期。微胶囊香精适用于粉末状食品的加香，如果粉冻等。

（2）食用香精的主要作用

1）辅助作用。某些食品，由于香气不足，需要选用与其香气相适应的香精来辅助其香气。

2）稳定作用。天然产品的香气，往往受地理、季节、气候、土壤、栽培、采收和加工等影响而不稳定。而香精的香气基本稳定。加香后，可以对天然产品的香气起到一定的稳定作用。

3）补充作用。某些产品如果酱、果脯在加工过程中会损失其原有的大部分香气，需要选用与其香气相对应的香精进行加香，使香气得到补足。

4）赋香作用。某些食品本身没什么香味，如饼干等，通常选用合适的香精增加其香味，使人乐于接受。

5）矫味作用。某些食品具有令人难以接受的气味，通过选用合适的香精矫正其气味，使人乐于接受。

6）替代作用。直接用天然品有困难时，用相应的香精来代替或部分代替。

3.3.3 其他添加剂

1. 琼脂

琼脂无臭、无味，呈白色或淡黄色，半透明。加热煮沸时分散为溶胶，冷却到35℃左右即可变为凝胶，凝胶易使食品上色。

琼脂溶胶的凝固温度较高，在夏季室温条件下也可凝固，因而不必特别进行冷冻，使用极为方便。

琼脂的吸水性和持水性高，干燥琼脂在冷水中浸泡时，徐徐吸水膨润软化，可以吸收20多倍水。琼脂凝胶含水量可高达99%，有较强的持水性。耐热性较强，因此热加工很方便。中式面点工艺中常用其制作水果冻等。

琼脂应在干燥处保存。

2. 硫酸钙

俗名石膏或生石膏。分子式为$CaSO_4 \cdot 2H_2O$，是一种凝固剂。

硫酸钙呈白色结晶状，无臭有涩味。微溶于水，水溶液呈中性。

硫酸钙广泛地作为豆制品的凝固剂使用，用量要根据气温、浆温、水质及原料的新鲜程度等因素按经验掌握。中式面点工艺中用其制作豆腐脑等。

硫酸钙应密封保存。

3. 硝酸盐

硝酸盐主要是指亚硝酸钠、硝酸钠和硝酸钾等，他们是一类发色剂。食品工业中常用的发色剂是亚硝酸钠。

亚硝酸钠呈无色或微带黄色结晶状，味微咸，易潮解，易溶于水，水溶液呈碱性。

亚硝酸钠主要用于肉类罐头与肉类制品的加工，最大用量为0.15 g/kg。由于其外观、口味均与食盐相似，所以必须防止误用而引起中毒。

亚硝酸钠应密封保存。

3.4 膨松剂

3.4.1 膨松剂的种类

面点工艺常用的膨松剂有两大类,一类是化学膨松剂;另一类是生物膨松剂。

1. 化学膨松剂

化学膨松剂可分为两大类,一类是碱性膨松剂,如碳酸氢钠等;另一类是复合膨松剂,如矾碱盐膨松剂、发酵粉等。

2. 生物膨松剂

生物膨松剂有三种,即液体鲜酵母、压榨鲜酵母和活性干酵母。另外,面肥中含有酵母菌,算是一种生物膨松剂。

3.4.2 膨松剂的理化性质

1. 碳酸氢钠($NaHCO_3$)

俗称小苏打,呈白色粉末状,味微咸,无臭味,在潮湿或热空气中缓缓分解,放出二氧化碳。分解温度60℃以上,加热至270℃失去全部二氧化碳。产气量约261 mL/g,pH值8.3,水溶液呈弱碱性。

碳酸氢钠遇热后的反应方程式为:$2NaHCO_3 \longrightarrow Na_2CO_3 + CO_2\uparrow + H_2O$

2. 碳酸氢铵(NH_4HCO_3)

俗称臭粉,呈白色粉状结晶,有氨臭味,对热不稳定,在空气中风化,固体在58℃、水溶液在70℃分解出氨和二氧化碳,产气量约为700 mL/g,易溶于水,稍有吸湿性,pH值7.8,水溶液呈碱性。

碳酸氢铵预热后的反应方程式为:$NH_4HCO_3 \longrightarrow NH_3\uparrow + CO_2\uparrow + H_2O$

3. 矾碱盐

矾碱盐是一种复合膨松剂。在这种膨松剂中主要是矾和碱相互作用,生成二氧化碳,盐起促进面坯生成筋力的作用,以保住二氧化碳使之少散失。

(1) 矾。学名硫酸钾铝,为透明的结晶块状或粉末,有涩味,水溶液呈酸性。

(2) 碱。即食用碱,学名碳酸钠,有白色粉末状和白色块状两种,有苦涩味,水溶液呈碱性。

(3) 盐。即食盐，学名氯化钠，呈白色粉末状结晶，味咸。

4. 发酵粉

发酵粉是由酸剂、碱剂和填充剂组成的一种复合膨松剂。在发酵粉中主要是酸剂和碱剂相互作用，产生二氧化碳。填充剂的作用在于增加膨松剂的保存性，防止吸潮结块和失效，同时也有调节气体产生速度或使气泡均匀产生等作用。发酵粉呈白色粉末状，无异味，在冷水中分解，放出二氧化碳，水溶液基本呈中性，二氧化碳散失后，略显碱性。

5. 压榨鲜酵母

呈块状，乳白色或黄色，具有酵母特殊的味道，无腐败气味，不黏，无其他杂质，含水量75%以下，较易腐败，发酵力强而均匀。

6. 活性干酵母

呈小颗粒状，一般为淡褐色，含水量10%以下，不易腐败，发酵力强。

3.4.3 膨松剂的使用与保存

1. 碳酸氢钠与碳酸氢铵

碳酸氢钠分解后残留碳酸钠，使成品呈碱性而影响口味，若使用不当，会使成品表面有黄色斑点。碳酸氢铵分解后产生带强烈刺激味的氨气，虽然极易挥发，但成品中仍可残留一些，从而带来一些不良风味。

此外，食品中的维生素在碱性条件下加热容易被破坏，因此要适当控制碳酸氢钠和碳酸氢铵的用量。碳酸氢钠一般应控制在2%以内，碳酸氢铵控制在1%以内。

2. 发酵粉

发酵粉在冷水中即可分解，产生二氧化碳，因而在使用时应尽量避免与水过早接触，以保证正常的发酵力。

3. 酵母

使用时一般需加入30℃的温水将其溶成酵母液，再加入少许糖或酵母营养盐，以恢复其活力。应注意避免酵母液直接与食盐、浓度过高的糖液、油脂等物质混合。

膨松剂的一般用量和保存方法见表3—6。

表3—6　　　　　　　　　膨松剂的用量和保存方法

种类	一般用量	保存方法
碳酸氢钠	在0.5%~1.5%的范围内，按"正常生产需要"使用	密封，在干燥处保存
碳酸氢铵	在1%的范围内，按"正常生产需要"使用	密封，在阴凉处保存
发酵粉	3%	密封保存

原料的选择与合理使用

续表

种类	一般用量	保存方法
压榨鲜酵母	2%	在 0~4℃冷藏
活性干酵母	2%	密封保存

思 考 题

1. 如何正确选择和合理使用面点原料？
2. 食用合成色素的一般性质有哪些？
3. 食用合成色素的配色方法？
4. 我国允许使用的合成色素有哪几种？
5. 食用天然色素具有哪些特点？
6. 食用色素应怎样保管？
7. 食品香料可以分哪几大类？
8. 常用天然香料有哪几种？
9. 膨松剂有哪些种类？
10. 膨松剂的理化性能是什么？
11. 调味品可以分哪几大类？
12. 什么是复合调味品？
13. 市场上常见的有哪些复合调味品？
14. 引进的调味品有哪些？
15. 如何正确使用膨松剂？
16. 琼脂、硫酸钙、硝酸盐的理化性能是什么？

第 4 单元

主坯工艺原理及运用

4.1 主坯形成原理　　/44
4.2 水原性主坯工艺　/47
4.3 膨松性主坯工艺　/49
4.4 层酥性主坯工艺　/52
4.5 浆皮主坯工艺　　/55
4.6 米粉类主坯工艺　/57
4.7 其他面坯工艺　　/59

4.1 主坯形成原理

4.1.1 蛋白质的结构及胶体性质

1. 蛋白质的结构

各种氨基酸按一定的顺序以肽键相连形成的多肽链是蛋白质的基础结构。肽链间被氢链结合成稳定结构称为蛋白质的二级结构。面筋蛋白质分子的二级结构是一条螺旋形的肽链，它们盘曲构成一种近似球的分子，这种特有的空间结构是蛋白质的三级结构，也称为天然结构。

2. 蛋白质的胶体性质

蛋白质的水溶液称为胶体溶液或溶胶。溶胶的性质稳定，不易沉淀。在一定条件下（如浓度增大或温度降低），蛋白质溶胶失去流动性而成为软胶状态，这个过程叫蛋白质的胶凝作用，所形成的软胶叫凝胶。凝胶进一步失水成为固态叫干凝胶，面粉中的蛋白质即属于干凝胶。

4.1.2 蛋白质的溶脂作用

干凝胶能吸水膨胀，形成凝胶，继续吸水可形成溶胶。干凝胶吸水膨胀形成凝胶后若不继续吸水称为有限膨胀，若继续吸水形成溶胶称为无限膨胀。洗面筋时麦胶蛋白和麦谷蛋白属于有限膨胀，而麦清蛋白和麦球蛋白属于无限膨胀。

蛋白质吸水膨胀称为蛋白质的溶胀作用，与其相反，蛋白质脱去水分，叫做离浆作用。蛋白质的这两种作用对面坯调制、面条的干燥以及面粉在改良剂作用下发生的物理变化等都有很大的意义。

4.1.3 主坯的黏胀性及形成机理

调制主坯时，面粉遇水后面筋蛋白质迅速吸水胀润。通常，在适宜的条件下，面筋吸水量为干蛋白质的 $180\% \sim 200\%$，而淀粉吸水量在 30℃时为 30%。面筋蛋白质溶胀的结果，在面坯中形成坚实的面筋网（在网络中包括有胀润性稍差的淀粉粒及其他非溶解性物质），它和一切胶体物质一样具有特殊的黏性、延伸性等性质。正是由于面粉的这些特性，形成了各主坯主要的物理化学性质。

4.1.4 面粉的吸水量及其计算

1. 影响面粉吸水量的因素

影响面粉吸水量的因素很多，有面粉原有的含水量，粉质和温度等。

（1）面粉的含水量。在其他条件相同的情况下，面粉越干，吸水量越大。

（2）粉质的硬度。粉质越硬，吸水量越大。

（3）麦粒的饱满状况。小麦粒越饱满吸水量越大。

（4）吸水时间。在相同温度下，48 h 内相对吸水时间较长者，吸水量多。

（5）温度。面粉的吸水量随水温升高而加大。

2. 面粉吸水量的计算方法

任何面粉，其水分增加与减少的计算，应以面粉干物质为基础，即面粉虽因着水而增加重量或因烘干而减少重量，但其基本的纯干物质的重量是不变的，因此假设：W_1 为面粉最初重量（包括最初所含水分），W_2 为面粉最后重量（包括最后所含水分），M_1 为面粉最初含水分的百分比，M_2 为面粉最后含水分的百分比，则：

$$\frac{100-M_1}{100} \times W_1 = \frac{100-M_2}{100} \times W_2$$

$$W_2 = \frac{100-M_1}{100-M_2} \times W_1$$

面粉自 M_1 变为 M_2 时，实际增加（或减小）的水分应为：

$$W_2 - W_1 = \frac{100-M_1}{100-M_2} \times W_1 - W_2 = \frac{M_2-M_1}{100-M_2} \times W_1$$

在厨房生产中，上述计算几乎不可用，因为面粉厂一般都将面粉的水分控制在国家规定的范围内。在面粉的储运过程中，由于外界条件的变化，面粉的含水量常常发生一些变化。有经验的厨师往往在调粉前，任意抓一把面粉，握紧，然后松开即可大致确定面粉的含水量。在上述过程中，如面粉不能恢复原来的粉状而结块、成团，则说明面粉含水量较高；如松手后面粉不结块成团，则说明面粉含水量符合标准。这一简单的鉴定方法，可判断面粉的吸水量。

4.1.5 影响主坯形成的因素

1. 原料因素

（1）油脂。油脂比水轻，不溶于水且具有疏水性。调制主坯时加入的油脂可吸附于蛋白质分子表面，形成不透性薄膜，从而阻止水分向胶粒内部渗透，并在一定程度上减少了表面毛细管的吸水面积，使面粉的吸水减弱，面筋得不到充分的胀润。因此，主坯的用油量越多,吸水率越低,面筋生成量越小,主坯越松散,制品也越疏松。

另外,油脂的温度对主坯的调制也有影响,由于液态油脂的流散性比固体油脂大得多,能使蛋白质胶粒表面的吸附面积变得更大。所以油温较高时,吸水率低,容易调制;温度过低,则主坯坚硬,不易调制,需增加油脂量或用水量。

(2) 糖。主坯中加入糖或糖浆后,由于糖的吸湿性强,它不仅吸收了粉粒间的自由水,而且还吸收了蛋白质胶粒内的结合水,从而降低了蛋白质胶粒的胀润度,造成了主坯工艺过程中面筋形成度降低、弹性减弱,主坯较软。因此,糖在主坯工艺中起反水化作用。

主坯的吸水量随糖的增加而降低,大约每增加1%的含糖量,会使主坯的吸水率降低0.6%左右。主坯面筋的形成量随糖的增加而下降,这一点对强力粉影响较大,对低筋粉影响不太明显。

可见,糖的作用是涉及主坯物理状态的重要因素,它的作用远远不止使主坯单纯具有甜味,而是可决定主坯的性质。

饴糖对主坯的影响与蔗糖基本相似,只是饴糖使成品的质地发生变化。含蔗糖多的主坯,烘烤后成品有脆性;含饴糖多的主坯,烘烤后成品有软性。

(3) 食盐。主坯工艺中,加入适量的盐,能够增加面筋的弹性,这主要是由于盐的渗透压作用,使主坯中的结合水变成游离水,从而促进了蛋白质的吸水胀润。但是盐用得太多,则与糖一样,会使主坯变得更软,破坏主坯的筋力,使主坯的弹性和延伸性降低。

(4) 蛋。蛋液有较高的黏稠度,在酥性主坯中,蛋对面粉和糖的颗粒起黏结作用。同时,蛋黄中的磷脂成分可使油、水乳化均匀分散到主坯中去,增加制成品的疏松性。另外,蛋液经搅打后含有气泡,分布于主坯中,使主坯组织膨松。

2. 水的因素

(1) 水量。面点工艺中,绝大数主坯要加水调制,加水量视制品需要而定。在通常情况下,加水量的多少与面筋的形成量有密切的关系,加水量较多,湿面筋形成得也较多;加水量少,湿面筋也形成得少。制同样软硬程度的主坯,加油、糖、蛋多,则用水少;反之则多。面粉干燥,吸水量则多;反之则少。

(2) 水温。水温除了可以影响主坯中的糖、油、盐的溶解速度和主坯的发酵速度外,还直接影响面筋的形成程度和淀粉的糊化程度(中级教材已介绍了其原理)。同时,水温还可影响面粉的吸水量。一般情况下,面粉的吸水量是随着水温的升高而增多的。

3. 操作因素

(1) 投料次序。调制主坯时,投料次序不同,也会使主坯质量有差异。面点工艺中一般是将油、糖、蛋水先搅匀,再拨入面粉和成坯,也有些是将糖浆与油混合后再调制成坯。如果将油、水等分别投入面粉进行混合，势必有一部分面粉吸水多，造成蛋白质胶粒迅速胀润，不能达到有限胀润目的，使主坯弹性增大，可塑性减弱。而另一部分面粉则吸油多，即使多加搅拌，造成的主坯仍会筋酥不匀，制品僵缩不松。对于生物发酵主坯，油、糖应最后加入，否则，酵母菌的生长会受到抑制，达不到发酵要求。

（2）调制时间和速度。调制时间是控制面筋形成程度和限制面筋弹性的最直接因素，即面筋性蛋白质的水化过程会在调粉过程中加速进行。适当掌握调粉速度，会获得理想的效果。调粉不足会使主坯结合力不够，而无法压成面皮，且易粘连。调粉过分会造成韧缩、花纹不清和变形。可见，各类主坯的性质、特点不同，调制的时间和速度也不能相同。

（3）静置时间。饧面时间的长短可引起主坯性质的变化。刚调制好的主坯，其弹性还没有完全降下来，饧面会使水化作用继续进行，达到消除张力的目的。饧面不仅可以使主坯逐渐松弛而有延伸性，而且可以降低黏性，使主坯表面光滑。饧面时间过短，面筋还没完全形成，此时主坯无筋力，擀制不易延伸；饧面时间过长，面筋变软，使主坯不易成形。

凡是在主坯调制后各种物理性状已符合工艺要求的，则不需要饧面便可直接进行工艺操作。

4.2 水原性主坯工艺

4.2.1 冷水面主坯调制工艺

冷水面主坯调制时，由于冷水不能引起面粉中淀粉的糊化和蛋白质的热变性，因此主坯没有黏性而色白，蛋白质吸水形成的面筋使主坯有弹性、韧性。在冷水面主坯中，蛋白质的性质起主要作用。

1. **典型配方**（见表4—1）

表4—1　　　　　　　　　　　冷水面主坯配方　　　　　　　　　　　单位：g

原料	种品	水饺	面条
面粉		500	500
参考用水量		225	200

2. 工艺流程

$$\left.\begin{array}{r}面粉\\其他辅料\end{array}\right\} + 水 \xrightarrow{调制} 冷水面主坯$$

4.2.2 温水面主坯调制工艺

温水面主坯是用 50~60℃ 温水调制的面坯。此时的水温，使面粉中的淀粉进入糊化阶段，但没有完全糊化；蛋白质开始热变性，但并没有完全变性。因此温水面坯有黏性但不大，有筋力但不足。在温水面中，蛋白质和淀粉同时起作用。

4.2.3 热水面（烫面）主坯调制工艺

热水面是用沸水调制的面坯。水温使面粉中的淀粉完全糊化，形成黏度极高的溶胶；蛋白质完全热变性，不能生成面筋，因此面坯柔软、劲小，无弹性和韧性，但黏性大，呈半透明状，口感细腻，略有甜味。在热水面中，淀粉的性质起着主要的作用。

1. **典型配方**（见表 4—2）

表 4—2　　　　　　　　　　热水面主坯配方

原料 \ 种品	广东炸糕	汤面炸糕
面粉	500 g	500 g
鸡蛋	750 g	—
碱水	—	几滴
水	650 g	1 100 g
矾	—	5 g
面肥	—	75 g
黄油	75 g	—

2. 工艺流程

$$\left.\begin{array}{r}沸水\\黄油或矾\end{array}\right\} + 面粉 \xrightarrow{调制} 面坯 \xrightarrow{揉和} 热水面主坯 \uparrow 其他辅料$$

4.2.4 水调面工艺要领

(1) 根据气候、粉质掌握吃水标准。

(2) 反复多揉，直到揉到"三光"为止（面光、手光、面案光）。

(3) 保证饧面时间,以减少弹性,便于搓条拍压。饧面时要盖上洁净的湿布,以防风干。

4.3 膨松性主坯工艺

4.3.1 生化膨松主坯调制工艺

生化膨松主坯又称发酵面主坯,是由生物膨松剂、面粉、水等调制而成的,具有疏松、柔软、略带筋性和可塑性等特性。面团在发酵时,面粉中的淀粉酶将淀粉分解成单糖。

1. 典型配方(见表4—3)

表4—3　　　　　　　　　生化膨松主坯配方　　　　　　　　　单位:g

原料 \ 种品	普通酵面	面包
面粉	500	500
酵母	10	10
盐	—	1.25
糖	10	75
奶油	—	37
水	250	200

2. 工艺流程(一次发酵法)

酵母(稀释)、水、面粉 →(混合)→ 面坯 →(其他辅料)→ 发酵 → 发酵面主坯

3. 施碱工艺原理

随着发酵作用的进行,主坯中的醋酸菌、乳酸菌也随之发酵,使主坯酸度增高。酸度增加,使产品风味受影响。施碱能中和主坯中的酸味,使酸度下降。其过程如下:

$$2CH_3COOH + 2NaCO_3 \longrightarrow 2CH_3COONa + H_2O + CO_2 \uparrow$$

由方程式可以看出施碱可以中和主坯中的酸味,还可以进一步使主坯松发、暄软。

4. 技术要点

（1）控制温度。温度在15～35℃是发酵温度合理的范围。在这一区间，温度每升成降5℃，产气速度的增减约为25℃时的20%～40%。温度增高，不仅会促使酶的活性加强，使主坯持气性变劣，且有利于乳酸菌、醋酸菌繁殖，使制品酸味加重。

（2）控制水量。含水量多的软面坯，产气性良好，持气性差；含水量少的硬面坯，持气性好，但产气性差。

（3）下料适当。酵母的用量占面粉用量的2%，糖的用量不超过面粉的5%，盐不超过3%，油脂在8%以下。油、糖、盐的用量过多，均对面筋的形成有抑制作用，从而影响持气性。而酵母用量少，则发酵慢，用量过大，也会引起发酵力减退。

4.3.2 化学膨松主坯调制工艺

化学膨松主坯是指用油、糖、蛋、面粉和化学膨松剂混合制成的单酥面主坯。这种主坯由于油、糖的反水化作用阻止面筋的形成，一般以蛋液、饴糖代替水分对面粉粒起黏结作用，其目的的在于改变蛋白质吸水，控制面筋形成的程度。此主坯可塑性强。

1. 典型配方（见表4—4）

表4—4　　　　　　　　　单酥面主坯配方　　　　　　　　　单位：g

原料＼种品	桃酥	松酥皮	土干皮
面粉	500	500	500
白糖	250	200	150
猪油	300	200	—
鸡蛋	100	200	100
发酵粉	—	12.5	20
黄油	—	—	125
鲜奶	—	—	150～200
臭粉	—	—	2.5
小苏打	10	—	—

2. 工艺流程

面粉＋膨松剂　　　　　　　　　　　　　
糖、油、蛋、奶　　⎬ →（混匀）→ 单酥面主坯

3. 技术要点

（1）准确掌握化学膨松剂的用量，小苏打为面粉的1%～2%；臭粉为面粉的0.5%～1%；发酵粉为面粉的2.5%～5%。

（2）化学膨松剂应轧碎，事先与面粉混合后再制坯，否则化学膨松剂分布不均匀，会使成品出现产气不均或有黄、黑色斑点。另外，用发酵粉调制主坯时，应将其设在"窝外"，避免与含水原料直接接触，否则会水解失效，影响主坯的松发性。

（3）由于此类主坯一般不需要面筋过分形成，因而和面时要先将油、糖、蛋等调制匀透后，再加入面粉拌和。拌和时要采用分块复叠的方法使之成团，这样可少生成面筋又可防止"泄油"。

化学膨松主坯的另一种主坯是利用矾、碱、盐的相互作用，使面坯膨松。由于矾对人体有害，这种主坯膨松的方法正在被逐渐淘汰。

4.3.3 物理膨松面主坯调制工艺

物理膨松面主坯主要是指蛋泡面主坯。它以鲜鸡蛋液为介质，经物理搅拌充入气体，然后加面粉拌制而成。它的特点是松软，起发性大，有蛋香味。

1. 打蛋的各种影响因素

（1）温度对打蛋的影响。温度对蛋白起泡影响很大。20℃以上时，打蛋速度应加快。温度越高，蛋液和糖的乳化程度越大，打蛋速度越快，起泡性越好。一般情况下，打蛋时的温度控制在25～30℃最有利于蛋白的起泡和泡沫的稳定。

（2）时间对打蛋的影响。蛋白是黏稠性胶体。搅打过程中能使空气均匀地混入蛋液中，蛋液中气泡越多越好。打蛋时间短，蛋液中空气泡沫不足，分布不匀；打蛋时间长又易使蛋白膜破裂，黏稠性降低，胶体性质发生变化，空气逸出。因此要严格掌握打蛋时间。

（3）油脂对打蛋的影响。油脂的表面张力大，蛋白膜很薄，当油与蛋白膜接触后，油的表面张力大于蛋白膜本身的抗张力，因此蛋白膜被拉断，起泡很快消失。可见，油脂具有消泡作用。

（4）pH值对打蛋的影响。蛋白质的起泡性与pH值有关。酸碱度不适当，将影响蛋白质的起泡性和持泡性。在蛋白质的等电点，渗透压、黏度都达到最低点，蛋白质不起泡或起泡不稳定。工艺制作中有时加一点食用酸来调节其pH值，破坏等电点，以提高蛋白质的起泡性和持泡性。

（5）蛋的质量对打蛋的影响。陈旧蛋储存时间长，稀薄蛋白增多，浓厚蛋白减少，蛋白的表面张力降低、黏度下降。因而陈旧蛋比鲜蛋的起泡性差，且起泡不稳定。

2. 典型配方（见表4—5）

表4—5　　　　　　　　　　　蛋泡面主坯配方　　　　　　　　　　单位：g

原料 \ 种品	清蛋糕	蛋糕
鸡蛋	500	500
面粉	400	500
白糖	500	500
发酵粉	—	5

3. 工艺流程

鸡蛋、白糖 →（抽打）+ 面粉、发粉 →（抄拌）→ 蛋泡面主坯

4.3.4　蛋泡面主坯调制新工艺

新工艺的运用是以新原料的开发为前提的。蛋泡面主坯的调制新工艺，实际上是一种新原料——蛋糕油的开发利用。它使蛋泡面主坯的调制工艺比过去更简便，速度更快。

1. 制法

将一定比例的鸡蛋、白糖、蛋糕油放入打蛋桶内拌匀，再加入面粉和匀，开动机器（或手打）抽打。在正常室温下，机器打7～8 min即成蛋泡面主坯。其特点是细密，膨松，色白，胀发性好。

2. 典型配方

蛋泡面主坯新工艺配方：鸡蛋500 g，白糖250 g，面粉250 g，蛋糕油25 g。

3. 工艺流程

鸡蛋、糖、蛋糕油 →（混匀）+ 面粉 → 蛋泡面主坯

4.4　层酥性主坯工艺

4.4.1　水油面主坯调制工艺

水油面主坯是用水、油、面粉调制而成的，也有的用鸡蛋代替部分水或少量饴糖调

成。面坯具有一定的筋性和良好的延伸性，大多用于层酥面主坯的外层皮坯。

1. 典型配方（见表 4—6）

表 4—6　　　　　　　　　　水油面主坯配方　　　　　　　　　单位：g

原料 \ 种品	苏式月饼	普通酥皮	臂酥
面粉	500	500	375
猪油	150	125	—
生油	90	—	—
参考水量	200	275	150
饴糖	50	—	—
鸡蛋	—	—	100

2. 工艺流程

各种辅料 —(搅匀)→ ＋面粉 ——→ 水油面主坯

3. 技术要点

（1）水、油充分乳化。调粉时，要先将水、油混合均匀，使之成为水油乳浊液，然后加入面粉拌匀。这样水分子首先被吸附在面筋蛋白质周围，被蛋白质吸收而形成面筋网络。油滴成为"隔离"介质分布在面筋碎块间，形成表面光滑、柔韧的面坯。

（2）油量适当。对含面筋量高的面粉应多加油，反之要少加油。一般用油量约占面粉的 10%～20%。若面筋含量低，用油量高，则油脂的反水化作用加强，不能形成具有良好韧性的面坯，且因油脂在面筋表面过多地覆盖，会影响烤制品色泽的形成。

（3）水量水温适当。一般用水量为面粉的 50% 左右。加水过多，面坯中游离水增多，面坯软，不易成形；加水太少，蛋白质吸水不足，面筋缺乏胀润度。水温以 22℃ 左右为宜。水温过高，使淀粉糊化，面坯黏度增加，不便操作；水温过低，影响面筋的胀润度，使筋性增加，延伸性降低，影响成形。

4.4.2　干油酥主坯调制工艺

干油酥主坯是用油脂和面粉调制而成的。面坯具有可塑性，有轻微的黏性而相互吸附，但无结合力。不能单独制成产品，只能作为层酥皮的夹酥。

1. 典型配方（见表4—7）

表4—7　　　　　　　　干油酥主坯配方　　　　　　　　单位：g

原料＼种品	苏式月饼	普通酥	擘酥
面粉	500	500	125
猪油	280	275	—
黄油	—	—	500

注：上述配方中面粉与油脂的比例，因各地风味要求和外皮软硬程度的差异会有一定差别。

2. 工艺流程

油＋面粉 $\xrightarrow{搓擦}$ 干油酥主坯

3. 技术要点

以调均擦透为准。搓擦时间越长，质越软。如因存放稍久变硬，临用时再搓擦一次即可。

4.4.3　开酥工艺

层酥面主坯开酥的方法很多，初级教材已介绍了使用最广泛的大包酥和小包酥方法。现在介绍另一种常用的方法——叠酥。

1. 水油皮叠酥的方法

以适量皮包油酥，捏严收口，用擀面杖轻轻擀成长方形薄片，将两端折向中间，叠成三层，如图4—1所示；再用擀面杖开成长方形薄片叠三层（称"两个三"）；再将其开放成长方形片，叠"一个四"即成，如图4—2所示。

图4—1　一个三

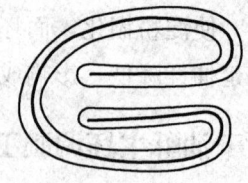

图4—2　一个四

2. 擘酥皮叠酥的方法

黄油酥和蛋水面和好后，将其分别擀成长方片（厚约0.7 cm，蛋水面是黄油酥面积的1/2大小）放入平盘，盖上半湿的布，冷藏约1 h。以黄油酥夹蛋水面，用擀面杖开一个

三、三、四即成。

3. 技术要点

（1）水油面和干油酥的比例要适当。水油面过多，酥层不清，成品不酥；干油酥多，成形困难，成品易散碎。

（2）水油面和干油酥软硬要一致，否则易露酥或酥层不均。

（3）干油酥包入水油面后，要保证水油面四周厚薄均匀。

（4）开酥时要尽量少用生粉，卷筒时要尽量卷紧，否则，酥层间不易粘连，成品易出现脱壳现象。

（5）起酥后的剂子要盖上一块洁净的湿布，防止外皮风干结皮。

4.5 浆皮主坯工艺

浆皮主坯也称糖浆主坯，由糖浆或饴糖与面粉调制而成。这种主坯既有适度的弹性，又有良好的可塑性。

调制方法是将蔗糖先熬成糖浆，再加入油脂和其他的配料，将其搅拌成乳白色的乳浊液，再拨入面粉调制成坯。由于糖浆的密度和黏度大，反水化能力增强，使蛋白质适量吸水而形成部分面筋。面坯组织细腻，柔软，可塑性好，不浸油。

4.5.1 典型配方（见表4—8）

表4—8　　　　　　　　　　浆皮主坯配方　　　　　　　　　　单位：g

原料 \ 种品	广式月饼（糖浆皮）	九江茶饼（饴糖皮）
面粉	500	500
糖浆	300	—
饴糖	50	375
生油	75	—
茶油	—	50
碱	适量	5

4.5.2 工艺流程

广式月饼：

$$\left.\begin{array}{l}\text{油}\\\text{碱水}\end{array}\right\} \longrightarrow \text{糖浆}+\text{面粉} \xrightarrow{\text{(调制)}} \text{糖浆皮主坯}$$

九江茶饼：

$$\left.\begin{array}{l}\text{饴糖}\\\text{碱水}\end{array}\right\} \xrightarrow{\text{(混匀)}} \text{捞浆}+\left.\begin{array}{l}\text{茶油}\\\text{面粉}\end{array}\right\} \longrightarrow \text{饴糖皮主坯}$$

4.5.3 糖浆的制法

(1) 将蔗糖和水按比例倒入铜锅（或气锅）内，以低温加热，同时轻轻地搅拌使其溶解。

(2) 完全溶解后，立即升温，使其沸腾。此时，可除去表面渣滓、泡沫，但绝不能搅拌。

(3) 当温度升至104.8℃时（沸点），加入抗结晶原料（如柠檬酸、饴糖、蜂蜜等）。

(4) 降低温度，继续加热至温度达到108℃左右即成，此时糖液质量分数（浓度）为77.2%。

几种糖浆的配方见表4—9。

表4—9　　　　　　　　　　几种糖浆配方

原料＼品种	水	糖	液体葡萄糖	酒石酸钠	柠檬酸
配方一	22.2%	55.6%	22.2%	—	—
配方二	28.6%	71.4%	—	少量	—
配方三	35%～40%	60%～65%	—	—	0.05%～0.07%

4.5.4 技术要点

(1) 糖浆必须提前准备好，冷却后再用，以防止主坯黏和上劲（糖浆存放半月以上较好用）。

(2) 糖浆与油脂要充分搅拌，完全乳化，否则主坯的弹性、韧性不均，外观粗糙，结构松散甚至走油上劲。

(3) 主坯的软硬度由糖浆的用量调节，工艺中不另外加水。

(4) 主坯调好后放置时间不宜过长，否则韧性增强，可塑性减弱。

4.6 米粉类主坯工艺

4.6.1 米糕类品种调制工艺

1. 松质糕调制工艺

松质糕的基本工艺程序是先成形，后成熟。成品具有多孔、松软的特点，大多有甜味。在工艺方法上可分为清水拌和糖浆拌两种。

（1）白糕粉坯。属于清水拌和的工艺方法。白糕粉坯只用冷水与米粉拌和，成为粉粒状（或糯糊状）。再根据不同品种的要求，选用目数不同的粉筛，将米粉（或糯糊）筛入（或倒入）各种模具中，蒸制成形。

白糕粉工艺中需注意两点：第一，要根据米粉的种类、粉质的粗细及各种米粉的配比，掌握适当的掺水量；第二，为使米粉均匀吸水，要抄拌和掺水同时进行。拌好后要静置饧面。

（2）糖糕粉坯。属于糖浆拌和的工艺方法。糖糕粉坯只用糖浆与米粉拌和，粉坯拌匀、拌透后，可用于制作特色糕点品种。

糖糕粉坯的调制工艺与要求和白糕粉坯相同。

2. 黏质糕调制工艺

黏质糕的基本工艺程序是先成熟，后成形。成品具有黏、韧、软、糯的特点，多为甜味或甜馅品种。

黏质糕的拌粉工艺与松质糕相同，但糕粉蒸熟后，需放入搅拌机加冷开水搅打均匀，再取出分块、搓条、下剂、制皮、包馅、成形。

米糕类品种制作时，检验其成熟与否的方法是：用筷子插入蒸过的粉坯中，拉出后观看有无黏糊，没有黏糊即为成熟。

4.6.2 米粉类品种调制工艺

1. 生粉坯调制工艺

生粉坯的基本工艺程序为先成形，后成熟。其特点是可包多卤的馅心，皮薄，馅多，黏糯，吃口润滑。生粉坯熟处理的方法有两种：

（1）泡心法。将糯、粳掺和的米粉倒入缸盆内，中间开成窝，冲入适量的沸水，将中间的米粉烫熟，再加适量的冷水将四周的干粉与熟粉一起反复揉，直至软滑不粘手即成。

泡心法工艺需注意两点：第一，沸水冲入在前，冷水掺入在后，不可颠倒。第二，沸水的掺水量要准确，沸水过多，皮坯粘手，难以成形；沸水过少，成品易裂口而影响质量。泡心法适合于干磨粉和湿磨粉。

（2）煮芡法。取 1/3 的干粉加冷水搅拌成粉团，投入到沸水中煮成芡，将芡捞出后与其余的干粉揉搓至光洁、不粘手为止。

煮芡法工艺需注意两点：第一，根据气候、粉质掌握正确的用芡量。天热粉质湿，用芡量可少；天冷粉质干，用芡量可多。凡用芡量少了，成品易裂口；凡用芡量多了易粘手而影响工艺操作。第二，煮芡一般沸水下锅，且需轻轻搅动，使之漂浮水面 3~5 min，否则易沉底粘锅。

2. 熟粉坯调制工艺

熟粉坯调制工艺与黏质糕调制工艺相同。

4.6.3　发酵米浆调制工艺

发酵米浆是由米粉发酵后制成的。糯米和粳米含支链淀粉多，因而不能发酵，只有籼米粉可采用交叉膨松的方法使其发酵。

发酵米浆的一般工艺是：先用 1/10 份的米粉加水煮成熟芡，晾凉后和其余生米粉浆搅和均匀，再加入糕肥（发酵过的米粉）、水搅拌均匀，置于温暖处发酵。粉坯发酵后，再加入白糖、发酵粉、水拌匀即可。

苋水是广式面点中常用的一种碱水，它是从草木柴灰中提取制成的，其化学性质与纯碱相似。

发酵米浆工艺需注意：粉坯发酵后，要先放糖拌和，使糖溶化被吸收，再放发酵粉、苋水，搅拌均匀。

4.7 其他面坯工艺

4.7.1 澄粉面主坯工艺

澄粉面主坯的基本工艺过程是将澄粉倒入沸水锅中烫熟，用面杖搅匀，倒在抹过油的面案上揉至光滑。

各地厨师还常根据点心品种的不同要求，在面坯中加入适量的生粉（澄粉∶生粉＝1∶0.3）、猪油（澄粉∶油＝1∶0.5）、吉士粉，咸点心可加盐、味精，甜点加糖。制作点心时，一般以刀压皮，包馅蒸制，以手捏皮，包馅炸制。

澄粉面主坯制作的成品，一般具有色泽洁白，呈半透明状，细腻柔软，口感嫩滑，蒸制品爽，炸制品脆的特点。

澄粉面主坯工艺中需注意两点：第一，调制澄粉面坯要烫熟，否则蒸后不爽口，会出现粘牙现象。第二，澄粉面坯揉搓光滑后，需趁热盖上半潮湿的洁净白布，以免风干结皮。

4.7.2 鱼茸主坯工艺

鱼茸主坯的基本工艺过程是先将鱼肉切碎剁烂成茸，放入盆内加盐，分次逐渐加水用力搅拌，直至发黏起胶，再加入其他调味品，如味精、胡椒粉、香油，最后加入生粉，搅拌成坯。制作点心时，蘸少量淀粉，压薄成皮，包馅熟制即可。

鱼茸面坯制作的成品，具有爽滑、味鲜的特点。

鱼茸面坯工艺中需要注意：搅拌鱼茸要始终顺一个方向用力，不可倒搅或乱搅，否则鱼胶松散，不能产生黏性。

4.7.3 虾茸主坯工艺

虾茸主坯的基本工艺过程是先将虾肉洗净晾干，剁碎压烂成茸，用精盐将虾茸拌至发黏起胶，再加入生粉拌匀。制作点心时，以生粉做焙（干面），将其开薄成皮，直接包入馅心后熟制。

虾茸面坯制作的点心，具有味道鲜美、软硬适度、无虾腥味、营养丰富的特点。

4.7.4　果蔬类主坯工艺

果蔬类主坯一般以根茎类的水果和蔬菜为主要原料，如胡萝卜、豌豆、土豆、山药、芋头、马蹄、莲子、栗子、菱角等。果蔬类主坯的基本工艺是将原料去皮煮熟，压烂成泥，过筛，再加入糯米粉或生粉、澄粉（下料标准因原料、点心品种不同而异）和匀，再加入猪油和其他调料，咸点可加盐、味精、胡椒粉，甜点可加糖、桂花酱、可可粉。将所有原料调成面坯后即可直接下剂，制皮，包馅。

果蔬类主坯制作的点心都具有原料本身特有的滋味和天然色泽，一般甜点爽脆、甜软，咸点松软、鲜香、味浓。

4.7.5　薯类主坯工艺

薯类主坯工艺是以含淀粉较多的薯类为原料，如红薯、地瓜、番薯等。

薯类面坯的基本工艺过程是将薯类去皮，蒸熟，压烂，去筋，趁热加入填料（米粉、面粉、糖、油等），揉搓均匀即成。制作点心时，一般以手按皮或捏皮，包入馅心，成熟时或蒸或炸。炸制时，以包裹蛋液为好。

薯类主坯制作的点心，成品松软香嫩，具有薯类的特殊味道。

薯类主坯工艺中需注意以下两点：第一，蒸薯类原料时间不宜过长，蒸熟即可，以防止吸水过多，使薯茸太稀，难以操作。第二，糖和米粉需趁热掺入薯茸中，随后加入猪油，折叠即可。

4.7.6　糕粉工艺

糕粉又称加工粉、潮州粉，是用糯米经过特殊加工制成的。糕粉工艺过程是将糯米加水浸泡之后滤干，放入锅内，用小火焗炒至水干，米发脆时取出冷却，再磨成米粉。

糕粉吸水力强，广式点心中常用它调制馅心，一般不做点心主坯。

思 考 题

1. 主坯形成的原理是什么？
2. 影响面粉吸水量的因素有哪些？
3. 影响主坯形成的因素有哪些？
4. 水原性主坯的基本原理是什么？
5. 膨松性主坯工艺流程是怎样的？

6. 油酥性主坯工艺流程是怎样的？
7. 化学性主坯工艺流程是怎样的？
8. 物理性主坯工艺流程是怎样的？
9. 层酥性主坯工艺流程是怎样的？
10. 擀制层酥面团要注意哪些关键？
11. 如何熬制糖浆及掌握哪些技术要点？
12. 调制松质糕有哪几种方法？
13. 黏质糕成品具有哪些特点？
14. 生粉坯熟处理有哪两种方法？
15. 发酵米浆的调制工艺是什么？
16. 其他面坯制作工艺是什么？

第 5 单元

制馅工艺

5.1 馅心的质量鉴定 /64
5.2 特色馅心品种 /67

5.1 馅心的质量鉴定

面点制作所用馅心的质量好坏，直接决定着有馅面点制作品种的质量。作为一名高级面点师，必须掌握鉴别制馅原料质量的基本技能，根据面点馅心的要求，正确地鉴别制馅原料的质量，合理选用，才能真正发挥操作技术的作用，制作出味美适口的馅心。

5.1.1 制馅原料品质鉴定的依据和标准

1. 原料固有的品质

包括原料的营养价值、口味、质地等指标，这些指标与原料的产地、产季、部位有着密切的关系。

2. 原料的纯度和成熟度

原料的纯度高，成熟恰到好处，品质就好。其中，成熟度同饲养、培育时间和上市季节有着密切的关系。

3. 原料的新鲜度

新鲜度是鉴定原料品质的最基本的标准。各种制馅原料均可因存放时间不当或保管不当而使新鲜度下降，甚至引起质的变化。这些变化往往会从外观上反映出来，因此可依据原料品质的优劣，决定选用与否。

（1）形态的变化。任何制馅原料都具有其特定的形态，新鲜度越高，越能体现出它固有的形态，反之就会发生变化。例如，新鲜的蔬菜形态饱满，不新鲜的鱼变形离刺。通过了解形态的变化，就能判别原料的新鲜程度。

（2）色泽的变化。各种原材料都具有其本身所固有的色泽和光泽度。例如：新鲜的赤豆一般呈赤红色、光亮，新鲜的鱼鱼鳞完整无脱落、鱼鳃鲜红等。若原料受到外界环境的影响，其色泽和光泽就会逐渐改变。凡是原料所固有的色泽和光泽发生变化，就说明其品质或新鲜度已下降，甚至已发生变质的现象。利用已变质的原料制馅，无论操作者的技艺有多高超，都无法制出符合品质要求的馅心。

（3）水的变化。新鲜的原料均有正常的含水量，以保持原料本身的新鲜度。若含水量发生改变，无论是增大或减少都说明原料的品质已有了问题，特别是含水量丰富的新鲜蔬菜、瓜果，其水分损失越多，新鲜度就越低。

（4）重量的变化。就鲜活原料来说，重量的改变也能说明原料的新鲜程度是否发生变化。因为原料通过内部的呼吸作用，水分蒸发，会相应减轻重量。如果是同种原料，重的就会比轻的新鲜度高；越轻，新鲜度就越低。干货原料恰恰相反，重量增加，说明已返潮，容易发生霉烂变质。

（5）质地变化。新鲜的原料大多质地坚实饱满，富有一定的弹性和韧性，若原料的质地发生改变，弹性下降，则品质就会降低。如鱼体变松软，无弹性，表面分泌出黏液，则品质已大大下降。

（6）气味的变化。各种新鲜的原料，一般都有其特有的气味。凡是失去原料固有的气味，而出现其他异味、怪味、臭味、霉味、酸败味等，都说明原料的新鲜度已经下降。

4. 原料的清洁卫生

所有制馅原料必须清洁卫生，符合食用卫生的要求，无杂物、异物，无腐败变质、污染或本身含有病细菌，否则，加工出的馅心品质难以符合质量要求。

5.1.2 馅心的质量鉴定方法

馅心的鉴定方法通常有理化鉴定和感官鉴定两种。

1. 理化鉴定

理化鉴定是一种科学的品质鉴定方法，在饮食业中那些难于用感官鉴定作出正确结论的原料，必须交有关食品检验单位，进行理化鉴定。

理化鉴定包括理化检验和生物检验两个方面。理化检验师利用仪器或化学药剂进行鉴定，以确定其品质的好坏。这种鉴定方法比较精确，不仅对馅心品质的新鲜与否能作出科学的结论，还能查出造成其变质的根源。生物检验主要是测定馅心有无毒素，常用小动物来试验。此外还有用显微镜进行的微生物检验，这种方法可鉴定馅心污染细菌和寄生虫的状况。进行理化鉴定，必须要有一定的仪器设备和实验场所，检验者除了要具备相关的科学理论知识外，还要有一定的实际操作水平。

通常情况下，进行馅心质量鉴定还是以感官鉴定较多。

2. 感官鉴定

感官鉴定是人们在实际工作中，根据平时工作经验的积累，利用自己的五官去分析、判断原料品质好坏的一种检验方法。

（1）嗅觉检验。嗅觉检验就是利用人的嗅觉器官来鉴定馅心的气味。面点的馅心虽然有生熟、荤素、甜咸之分，但每种馅心都有其特有的正常气味，如新鲜的肉馅有正常的香味，豆沙馅有香甜味，如出现其他异味、酸味、焦味，就说明馅心的品质已有质量问题。

（2）视觉检验。视觉检验的范围比较广泛。凡是能直接用肉眼对原料的外部特征（如色泽、形态、结构等）进行观察以确定品质好坏的，都可以采用这种方法。利用视觉检验法来检验蔬菜馅，如菜馅色彩碧绿、光亮湿润、黏性正常，即为标准馅；如菜馅发黄、变色、无光泽、干燥、松散、黏性差，则馅心质量较差。

（3）味觉检验。人的舌头上面有味蕾，其味觉非常丰富，对甜、咸、酸、苦等口味的馅心，都可以辨别出来。例如，利用它鉴别麻仁馅，只需将麻仁馅放在嘴里尝一尝，如有正常的甜香味则品质为佳，如发现有焦煳味或其他异味，则说明馅心有质量问题。

（4）触觉检验。通过手对馅料的接触，可以检验出馅心组织的粗细、软硬、黏稠度等，从而鉴别馅心的品质优劣。如生肉馅、素菜馅、豆沙馅等，均可利用触觉进行品质检验。

馅心的感官鉴定法，大体上有这四种。检验时可单独使用一种方法，也可以几种方法同时进行。这几种方法综合运用可大大提高检验的准确性。

在实际工作中，感官鉴定馅心品质的方法是最常用的基本方法，它不需要仪器、设备，简单易行，可以很快地得出结论。经过反复实践，积累了一定的实际经验后，使用这种方法，基本能得出正确的结论，所以该方法具有实用价值。但是，感官鉴定的方法也有它的局限性：不如理化鉴定精确可靠，而且由于各人的感官敏锐程度和经验知识也有差距，因此，在一定程度上感官鉴定法带有主观色彩，容易发生偏差。

5.1.3 馅心质量鉴别实例

1. 生肉馅质量鉴别（见表5—1）

表5—1　　　　　　　　　　　　生肉馅质量鉴别

项目	新鲜	变质
嗅觉	有正常的肉香味、麻油香味	有异味、臭味，无正常的肉香味
视觉	肥瘦适度、有光泽、不脱水	有吐水现象，肉色发红，无光泽
味觉	咸淡适中，鲜嫩，无酸水、怪味	口味发酸，无鲜味
触觉	黏稠适度，搅动有劲，有黏实感	馅心松散、无劲

2. 素菜馅质量鉴别（见表5—2）

表5—2　　　　　　　　　　　　素菜馅质量鉴别

项目	新鲜	变质
嗅觉	有素菜所特有的清香味、麻油香味	麻油香味减退，有异味
视觉	色泽碧绿，有光泽，黏稠适度	菜色发黄、发黑，无光泽
味觉	清香、鲜爽、卤水丰润	有酸败味
触觉	柔软、爽滑	不爽滑

3. 豆沙馅质量鉴别（见表5—3）

表5—3　　　　　　　　　　豆沙馅质量鉴别

项目	新鲜	变质
嗅觉	有正常的豆沙浓香味	有霉味、酸味
视觉	色泽光亮、油润、赤红色	色泽发暗、干燥，颜色发黑，有霉斑
味觉	口感细腻，甜度纯正，无其他异味	口味发苦、发涩、发酸
触觉	富有弹性，柔软，堆得起	没有弹性，坚硬或稀糊状

5.2　特色馅心品种

面点的馅心直接影响着面点风味特色的形成。我国地大物博，民族众多，各地、各民族不同的生活习惯及口味形成了不同风格的面点馅心，但总的来说无非是荤、素之别，甜、咸之分，生、熟加工之不同。现分别介绍京、苏、广三大风味的馅心品种。当然，中式面点在馅心的制作上，还应从选用原料、调味料、口味、加工方法等方面不断进行改良及创新。

5.2.1　京式特色馅心品种

京式面点在制馅方面，有其独到之处，特别是肉馅制作多用"水打馅"，常常佐以葱、姜、黄酱、味精、麻油等，其吃口鲜咸而香，其中，具有特色的品种有"狗不理包子馅""羊肉馅""冬菜馅"。

1. 狗不理包子馅

"狗不理包子"是京式流派的代表点心，距今已有百年历史。"狗不理包子"的馅心有三种不同的制作方法。

（1）猪肉馅

原料：猪五花肉 2 000 g、葱花250 g、姜末20 g、酱油420 g、味精25 g、麻油300 g、骨汤适量。

制作：将猪五花肉中的软、硬骨剔除后，洗净，绞成肉茸，放入葱花、姜末，充分搅匀后，再放入酱油、味精、麻油，顺一个方向反复搅拌，上劲至匀后，再加入适量的骨汤，拌匀上劲后即可。

特点：馅心松软、咸鲜适口、卤水丰润、肥而不腻。

（2）猪皮馅

原料：猪肉皮 2 000 g、鲜蟹黄 375 g、水发海米 125 g、水发木耳 100 g、虾子 38 g、菠菜 375 g、精盐 12.5 g、酱油 190 g、葱 200 g、生姜 15 g、八角少许、麻油 150 g。

制作：将水发海米、水发木耳、菠菜焯水冲凉，挤干水分后剁碎备用。将肉皮刮净猪毛，铲净肥膘洗净，下沸水锅中焯约 10 min 左右，捞出投入清水锅中，放入八角、一半葱、一半姜块，旺火烧开，撇去浮沫改小火焖煮，待肉皮酥烂后，捞出趁热绞碎。调馅时：先将酱油分数次倒入碎肉皮中，每加一次搅至上劲，将余下的葱花、姜末、味精、虾子、备用水发海米末、水发木耳末、菠菜末、蟹黄、味精一起加入猪肉皮中，充分搅匀后即成猪皮馅。

特点：肉皮软糯、色彩悦目、营养丰富、鲜香、肥而不腻、汤汁盈满。

（3）三鲜馅

原料：猪五花肉 1 000 g、鲜虾仁 500 g、水发海参 400 g、鸡蛋 6 只、葱末 120 g、姜末 10 g、精盐 12 g、味精 12 g、酱油 200 g、花生油 600 g、麻油 120 g、骨头汤适量、湿淀粉 25 g。

制作：将肥三瘦七的五花肉去骨绞碎后，加入姜末、葱花，拌匀，再分次加入酱油，顺一个方向打搅上劲后，再加入适量骨头汤搅拌起劲，放入味精、麻油拌匀后备用。鲜虾仁、水发海参切成小粒状，加精盐、湿淀粉、鸡蛋，充分搅匀后，放入炒锅中炒热，然后切碎，待冷却后，一起放入肉馅中拌匀即成三鲜馅。

特点：馅心用料讲究、味美适口、营养丰富。

2. 羊肉馅

原料：羊肉 500 g、葱花 50 g、姜末 25 g、水发干贝、海参、玉兰片适量、精盐、味精少许、麻油 75 g。

制作：将羊肉剔除筋膜，剁成肉泥，放在馅盆中。水发干贝搓碎，玉兰片、海参切丁一起放入盛羊肉的盆内，加入精盐、葱花、姜末，搅打起劲，再分次加入适量的水发干贝，每加一次顺同一方向反复搅上劲。最后倒入麻油，放入味精，调搅均匀即成羊肉馅。

特点：选料讲究、清香鲜美、营养丰富。

3. 冬菜馅

"冬菜"是民间用常见蔬菜在每年霜降前至小雪期间配大蒜，放精盐，腌制而成，具有一种特殊的风味。北方地区大多用大白菜，而四川一般用雪菜。利用大白菜（或雪菜）制馅，可和荤、素配伍同炒，成馅后，脆、爽、香、鲜，味美适口。

原料：猪五花肉 500 g、冬菜 1 000 g、酱油 120 g、绍酒 60 g、白糖 70 g、精盐 25 g、姜末 25 g、葱花 250 g、麻油 50 g、花生油 100 g、味精少许。

制作：将猪五花肉洗净剁碎，放入酱油、精盐、绍酒、味精，反复搅上劲备用，冬菜切碎待用。炒锅置旺火上，烧热，放入花生油，下姜末、葱花，煸香后，放入肉馅，炒熟后，再投入冬菜反复翻炒，加白糖、麻油调味后，大火收紧卤汁即成冬菜馅心。

特点：馅心干爽、鲜香，越嚼越香，回味无穷。

5.2.2 苏式特色馅心品种

苏式面点在馅心制作方面，重视调味，口味重，色泽较深，咸中带甜，常在馅心中加冻（即用鸡、鸭、肉骨头和肉皮熬制成汤，冷却结冻而成），汁多肥嫩，味道鲜美，形成了独特的风味。具有特色的馅心有三丁馅、文楼汤包馅、野鸭荠菜馅。

1. 三丁馅

原料：净猪肋条肉 2 000 g，熟鸡肉 280 g，熟冬笋 280 g，虾子 10 g，酱油 215 g，绵白糖 165 g，鸡汤 500 g，水淀粉 50 g，食用油、姜、葱、绍酒适量。

制作：将姜、葱用刀拍碎放在容器中，放入适量水，浸泡成姜葱汁。猪肋条肉放入沸水锅中焯水，捞出洗净后，放入汤锅中，加水煮至肉七成熟，捞出，待冷却后，用刀切成 0.5 cm 的方丁，鸡肉切成 0.5 cm 方丁，冬笋切成 0.4 cm 方丁备用。

炒锅置中火上，烧热后加入适量食用油，放入鸡丁、笋丁、肉丁煸炒，烹入绍酒及姜葱汁，加入酱油、虾子、绵白糖、鸡汤，旺火烧开后，撇去浮沫，用水淀粉勾芡即成三丁馅。

特点：馅心鲜、嫩、香，油而不腻，甜咸适口，回味无穷。

2. 文楼汤包馅

原料：带皮猪蹄肉 1 000 g、蟹粉 250 g、酱油 5 g、白糖 2.5 g、虾子 5 g、绍酒 75 g、光油鸡 1 000 g、鲜鸭掌 750 g、猪油 100 g、精盐 5 g、味精 10 g、胡椒粉和葱姜末适量。

制作：将鸡、猪蹄、鸭掌洗净后，同放在一个汤锅中焯水，捞起再洗净血秽，重新放入汤锅中，加入冷水、葱姜、绍酒，用大火烧开后改小火焖，待鸡、猪蹄八成熟时捞出，拆下猪蹄皮剁碎，放回原汤内，继续用大火将汤熬浓，用筛子过滤渣子。将鸡和猪蹄的骨头拆去，将肉切成绿豆粒大小的丁，与虾子一起下汤锅内略熬一下。

炒锅置于火上，烧热后放入猪油，待猪油溶化后，将蟹粉、葱姜末一起下锅熬，烹入绍酒，待水分蒸发将干时，用精盐调味盛起，倒入汤锅内，改大火收浓，加精盐、酱油、白糖、味精、胡椒粉调味后，起锅装入洁净无水的盘内，待冷却凝结成冻后，再用绞肉机绞碎即成文楼汤包馅。

特点：馅鲜味美，卤汁丰富，味厚而不腻。

3. 野鸭荠菜馅

原料：熟野鸭肉175 g、熟五花肉175 g、净冬笋75 g、荠菜2 000 g、绵白糖50 g、虾子8 g、酱油200 g、五香粉3 g、绍酒5 g、葱花15 g、姜末15 g、熟猪油250 g、麻油200 g。

制作：将熟野鸭肉、瘦七肥三的熟五花肉、冬笋分别切成丁，待用。

将炒锅置旺火上，放入熟猪油25g，待烧热后放入姜末、葱花，炸出香味后放入笋丁、猪肉丁、野鸭丁煸炒，烹入绍酒、酱油、绵白糖、虾子，待馅料上色后，放入适量水烧沸入味，淋入麻油100 g，撒上五香粉即可出锅冷却备用。

将荠菜洗干净，入沸水锅焯水后，迅速捞出用冷水冲凉，再捞出，挤出部分水分，用刀剁细，装入洁净的白纱布袋内挤干水分。

将挤干的荠菜末与烧熟的鸭肉馅放在一起，倒入剩下的熟猪油和麻油，拌匀即成野鸭荠菜馅。

特点：冬笋脆香、荠菜清香、野鸭肉香、美味适口，是冬令应时美馅。

5.2.3 广式特色馅心品种

广式（粤式）点心盛行于以珠江流域及南部沿海地区为中心的区域，广式馅心多样，讲究清淡、鲜、爽、滑。具有特色的品种有：粉果馅、咸水角馅、咖喱馅、叉烧包馅、八珍馅等，这里介绍粉果馅、咸水角馅和咖喱馅。

1. 粉果馅

原料：瘦肉400 g、肥肉200 g、河虾仁400 g、叉烧200 g、水发冬菇80 g、冬笋300 g、生抽25 g、麻油10 g、精盐12 g、料酒20 g、水淀粉30 g、清汤100 g、味精6 g、白糖5 g、胡椒粉1.5 g、熟猪油50 g、葱姜末适量。

制作：将瘦肉、肥肉洗净焯水后，放入汤锅中煮至八成熟捞起，待冷却后切成小指甲片状，叉烧、虾仁、冬菇、冬笋均切成小指甲片状备用。

将炒锅上火，烧热，倒入熟猪油，投入葱、姜末炝锅后，依次放入瘦肉、虾肉、肥肉、叉烧、冬菇及冬笋，反复炒香、炒匀，烹绍酒，加入清汤。用生抽、精盐、白糖、味精调味。待烧沸后，用水淀粉勾芡，最后撒上胡椒粉，淋入麻油，即成粉果馅。

特点：馅心松散，肉质鲜嫩。

2. 咸水角馅

原料：猪腿肉600 g、虾米60 g、腊肠100 g、虾仁200 g、冬笋150 g、精盐7 g、白糖15 g、花生油1 000 g、酱油20 g、麻油10 g、胡椒粉1 g、绍酒15 g、五香粉2 g、熟猪

油 40 g、清汤 150 g、水淀粉 30 g、韭菜苔少量。

制作：将猪腿肉、虾仁分别切成小丁后，用精盐、绍酒腌渍搅上劲，用水淀粉上浆。虾米用温水泡发后，洗净，切成细粒。冬笋、腊肠、韭菜苔同样切成细粒待用。

将锅上火烧热，放入花生油，待油温升至三四成时，将肉丁、虾仁丁划油后，倒入漏勺中沥油。炒锅继续上火，放猪油，将虾米、腊肠粒炒香后，再将肉丁、虾仁丁、冬笋一起放入煸炒，烹入绍酒，用其余调料调味。待烧沸后，用水淀粉勾芡，倒入洁净的盆内冷却，最后撒上切碎的韭菜苔拌匀即成。

特点：馅心浓重、滑爽、味鲜美。

3. 咖喱馅

原料：牛柳 500 g、洋葱 100 g、花生油 1 000 g、咖喱粉 25 g、白糖 12 g、胡椒粉 1.5 g、味精 5 g、猪油 50 g、绍酒 20 g、水淀粉 25 g、清汤 150 g、精盐适量。

制作：将牛柳剔除筋膜，用刀剁成粗肉末，放入少许精盐搅至起劲、发亮后，用水淀粉上浆。洋葱去皮洗净，切成细粒备用。炒锅上火烧热后，倒入花生油，待油温升至三四成熟时，下上浆的牛肉末划油至熟，倒入漏勺沥干油。

炒锅再次上火，烧热，倒入猪油，把洋葱放进煸香，放入咖喱粉炒香后，再将牛肉末投入炒匀，加入清汤，用调料调味后，待烧沸，用水淀粉勾芡即成。

特点：色泽淡黄，味道浓香、鲜美。

思 考 题

1. 制馅原料的质量应从哪几方面鉴定？
2. 如何鉴定馅心的质量？
3. 京式馅心有哪些口味特点？
4. 苏式馅心有哪些口味特点？
5. 广式馅心有哪些口味特点？
6. 请叙述五丁包馅心的制作原料和方法。
7. 请叙述鱼香茄子包馅心的制作方法。
8. 请叙述豌豆茸馅心的制作方法。
9. 请叙述蟹黄肉包馅心的制作方法。
10. 请叙述豆沙馅心的制作方法。
11. 请叙述萝卜丝酥饼馅心的制作方法。
12. 请叙述虾饺馅心的调制关键。

13. 请叙述野鸭荠菜馅心的调制关键。
14. 请叙述文楼汤包馅心的制作方法。
15. 请叙述狗不理包馅心的调制关键。

第 6 单元

面点成形工艺

6.1 抻、削、拨成形法　　　　　　/74
6.2 滚沾、钳花、夹、挤成形法　　/76

6.1 抻、削、拨成形法

6.1.1 抻

抻是将面团用一定的手法反复抻拉而成形的一种方法。抻主要是北方制作面条的一种独特方法，其技术难度较大，不经过刻苦练习，是不容易掌握的。抻的用途较广，不仅抻拉龙须面常用此法，制作盘丝饼、银丝卷、一窝丝饼等，抻都是必不可少的重要工序。

抻面（又叫拉面）的步骤主要有和面、溜条、出条三步，其吃口筋道、柔润、爽滑。抻面团规格和粗细程度不同，品种较多，规格分扁、圆两种。出条前将大条按扁，再抻即成扁条。粗细以扣数多少确定，扣数越多，面条越细。品种有"中四条""葛条"（粗条）"一窝丝"（细条）"龙须面"（最细条）等。

1. 和面

抻面的面粉要求用筋质强、劲力大的优质粉，调制面团的要求也很严格。一般投料标准是：面粉 2 500 g、水 1 250 g、精盐 10 g、小苏打 10 g 左右。把 2 500 g 面粉倒入缸盆内，加盐，先加 750 g 水，从下向上炒拌均匀，打成麦穗面，再用手撩水继续和，先用两手拌和，再用手捣擩，此后撩水、捣擩、揉压，一直至不粘手、不粘盆、没有疙瘩和粉粒为止，然后搓净盆边的干面，再转圈撩水，把面团揉至光滑，和成较软的面团，盖上湿布饧面。一般饧 0.5～1 h，把面团饧透，成为不夹一点疙瘩的匀透面团，这样在抻长、抻细时，不易断条。

2. 溜条

溜条也叫溜面，用手拿住面团的两端，上下抖动，使之顺溜。具体做法是：和好饧透的面，切取 1 块（一般水面 1 000～1 500 g 左右），托至案板上，用两手根反复推揉，揉至上劲、有韧性，搓成约 70 cm 长的粗条，两手各握住一头，将面提起，两脚叉开，两臂端平，运用两臂的力量及面条本身的重量和上下抖动时的惯性，将面上下翻动。抻开时，要达到两臂不能再扩张为止。在粗条变长，下落接近地面时，两条迅速交叉使面条两端合拢，自然拧成麻花劲，即两股绳状。然后右手拿住另一头，再抻开溜。待延长后，两手迅速向第一次交叉的后向交叉，再形成麻花绳状，如此反复抻拉翻动，正反交叉，经过多次操作，面条粗细均匀、柔滑有劲，呈现出一缕缕的条丝即可。

溜条不可溜得过度，过度会使面质发澥，出条时粗细不匀。另外，溜时如感到筋力不足，可用些碱水增劲，以免出现断条现象。

3. 出条

出条也叫开条、放条，即将溜好的大条，开出均匀的细面条。具体做法是：将溜好的大条（要求越长越好），放在案上，撒上铺面，用两手按住两头对搓，上劲后，两手拿住两头，一抻，甩在案上一抖，左手食指、中指、无名指夹住条的两个头，右手拇指、中指抓住条的中间成为另一头，然后右手向外一翻，一抻一抖（一甩）。把面抻长，把右手的头扣到左手，这时条放在案上成三角形，用右手抓住三角形的正中部分，抓得适中，条才抻得匀，如此反复抻，至面条达到要求粗细即可。

也有的做法是：将两个面头按在一起，右手掌心向上，中指勾住面条左端，左手掌心向下，中指勾住面条右端，反手向上将面条提起端平，用力抻长，放回案上，撒上铺面，照上述方法反复多次，抻至要求的粗细度为止。运用抻法，要求做到动作迅速，一气呵成，不能缓劲。

6.1.2 削

削，是用刀直接削面条的成形方法。用刀削出的面条又叫刀削面。削分为机器削和手工削两种类型。手工削面的具体做法是：先和好面，面要硬些，每 500 g 面粉掺水 150～175 g 为宜（根据季节的变化适当增减）。和好后约饧置 20 min，再细揉成长方形面团块，左手掌心将面团托在胸前，对准煮锅，右手持削面刀（用铁片弯曲制成屋瓦形），从上往下，一刀挨一刀地向前推削，削成宽厚相等的三菱形面条，落入锅内，煮熟捞出，再加调味即成。刀削面吃口特别筋道、劲足、爽滑，是一种别具风味的面条，很受民众的欢迎。

削面的关键：

1. 刀口与面块持平，削出返回时不要抬得过高。

2. 第一刀从面团下端中间开刀，第二刀由开刀口上端削出，即削在头一刀的刀口上，逐刀上削。

3. 削成的条，要呈三菱形，宽厚相等，以长一点为好。

6.1.3 拨

拨，是用粗条筷子拨制面点的一种制作方法。如用筷子拨出的稀软面，成两头尖中间粗的条，又叫拨鱼条，这也是一种别具一格的风味面点。制作这种面点掺水量要多，一般 500 g 面粉掺水 300 g 以上，需用温水，和成的面要软，然后要放在盆内，饧一段时间。具体制法是：取一块软面放入小盆内，把盆对准煮锅，将盆稍微倾斜，用筷子头顺着盆拨下快流出的面，使之成为两头尖尖、约 7 cm 长的圆形条，落入锅内，拨到一定的数量，在锅内煮熟,盛出加上其他调味料即成。也可煮熟后炒着吃。

例:拨鱼子(山西制法)

原料:面粉500 g,绿豆面少许。

制法:将面粉倒在案板上,拌入少许绿豆面,加水搅,呈稠糊状,再将糊倒入大碗内。在沸水锅旁,左手持面碗,右手拿竹筷。用竹筷蘸水,顺碗边往锅内拨出约7 cm长的条,随拨随煮,熟后捞出即成。

特点:滑韧,食时用宽汤和小块的炖猪肉浇拌,也可用炸酱或麻酱拌食。此外,也可以用肉丝、鸡蛋或三鲜炒之。吃口滑润、有筋力,汤汁鲜美。

6.2 滚沾、钳花、夹、挤成形法

6.2.1 滚沾

1. 概念

利用坯剂沾水后的黏性,在粉料或其他辅料上翻滚,使坯剂表面粘满其他原料的方法。

2. 方法

将揉搓成圆形或椭圆形的坯剂在水或鸡蛋液中沾湿,再在其他粉料或辅料上翻滚,使坯剂表面均匀地粘满其他面料。

3. 要求

粉料或其他辅料要均匀地粘在制品外层。其他辅料一般应成小颗粒状且颗粒的大小一致。操作时动作要协调,坯剂滚动得力。

6.2.2 钳花

1. 概念

钳花,是运用花钳等工具,在制好的生坯上钳成一定的花形,形成多种多样的花色品种。常使用的花钳有尖锯齿状的,有圆锯齿状的,有稀锯齿状的,还有一种是没有锯齿而是在钳上有沟纹的,用它们可以做出不同的花样。

2. 方法

钳花是一种较细致的成形方法。钳花的方法多种多样,可在生坯的边上竖钳出各式小动物的羽、翅、尾、纹等,如钳花包、荷叶包、核桃酥、船点花等。

3. 要求

运用时,应根据成品的要求灵活掌握,钳花深浅要一致。

6.2.3 夹

1. 概念

夹是借助于竹筷等工具,在包馅的制品中夹捏出一定形状的成形方法。这种方法包括用于一些花卷、船点的制作。

2. 方法

通过各种夹制可使面点形态美观且形象,如菊花卷、友谊卷、蝴蝶卷、肉酥卷、钳花包、船点花鸟等。

3. 要求

夹制时双手用力要适当,把握好轻重。

6.2.4 挤

1. 概念

挤,即挤注,就是将盛有主坯的布袋或牛皮纸筒,通过手指挤压,使坯料均匀地从袋嘴流出而形成各式品种形态(或馅心)的一种方法。这种方法多用于烤制成熟的面点,如各式标花蛋糕、曲奇、蛋挞。

2. 方法

挤注操作是利用双手悬挤压注入,讲究用力适当、挤收自如、出料均匀、手法灵活、双手配合默契。挤注根据不同的花嘴通过挤、拉、带、收等手法,形成各种不同形态的半成品或成品。

3. 要求

根据制品的要求,手法灵活,规格一致,坯例整齐。

思 考 题

1. 抻的定义是什么?
2. 抻面要经过哪几个步骤?
3. 削的定义是什么,削面时要注意哪些关键?
4. 拨的定义是什么?

5. 什么叫滚沾成形法？
6. 什么叫钳花成形法？应达到什么要求？
7. 什么叫夹成形法？应达到什么要求？
8. 什么叫挤成形法？应达到什么要求？
9. 请列举两款用挤成形法成形的点心。
10. 请列举两款用夹成形法成形的点心。

第 7 单元

面点成熟工艺

7.1 单一成熟方法 /80
7.2 复合成熟方法 /82
7.3 熟制的质量标准 /83

7.1 单一成熟方法

7.1.1 煎

煎是用少量油及金属传热，或与水蒸气一起传热，使面坯成熟的熟制方法。煎制面点通常使用平锅，用油量要根据制品的不同要求而定，一般以在锅底抹上薄薄一层油为限，最多不能超过制品厚度的一半。

根据煎制方法的不同，煎可分为油煎和水油煎两种。油煎就是单纯用油煎制面点，水油煎则是用油加水煎制面点。煎的操作程序及特点如下：

（1）由于煎是用少量油脂传热的，油温升高的速度很快，因此，煎制时火力不能太大，否则难以控制。火力以中火为宜，油温一般保持在160~180℃（即六成热）较为适宜。油温过高则成品容易焦煳，或外表金黄而内部不熟；过低，成品不易上色或由于煎制时间很长，影响成品质量。

（2）放入生坯时，必须从四周向中心排列。一般情况下，炉灶的火候是中间火力大，锅烧热后，中间锅底温度和油温要比四周的金属锅底和油温高，如果从中心向四周放入生坯，中间的生坯先受热而得到油煎先熟，会造成一锅成品成熟不一致，甚至中间的成品还会出现焦煳等现象。

（3）经常移动制品位置。由于炉灶的火力不均匀，平锅锅底的温度也不一致。要想使制品成熟度及成熟时间一致，就要经常移动制品位置。采用油煎方法成熟时，可以经常翻煎制品两面。采用水油煎方法成熟时，移动制品困难，则可以经常移动锅位，力求平锅各处温度一致，充分保证制品质量。

（4）水油煎一般需要加盖。由于水油煎过程中多次洒水，加盖锅盖使水变成水蒸气，保证蒸汽的效率能充分发挥，将制品焖熟，并且每洒一次水，都要盖上锅盖，以确保成品成熟后的质量。

7.1.2 烙

烙就是把成形的生坯，摆放在平锅中，架于炉火之上，通过金属传导热量使制品成熟的一种方法。烙的特点是热量直接来自温度较高的锅底，金属锅底受热较高，将制品放在上面，两面反复烙制成熟。烙制成熟技术主要适用于各种饼类面点的熟制，如家常饼、酒酿饼等，成品皮面香脆，内里柔软，外呈黄褐色虎皮状。

1. **烙制工艺**

根据具体的操作方法，烙一般可以分为三类：干烙是既不刷油，又不洒水，直接烙制而成；刷油烙是指在干烙的基础上刷油，每翻动一次，刷一次油，直至成熟；洒水烙是指在干烙以后再洒水焖焐至熟。

干烙熟制工艺：锅烧热→下入生坯→烙制→翻身再烙（反复几次）→成熟→成品。

刷油烙工艺：锅烧热→下入生坯→稍烙→翻身刷油烙→再翻身刷油再烙（反复几次）→成熟→成品。

洒水烙工艺：锅烧热→下入生坯→烙制→底呈焦黄→洒水→盖锅盖再焖制→成熟→成品。

2. **烙制要求**

（1）烙锅必须干净。无论采用哪种烙制方法，为了保证成品质量，都必须将烙锅洗刷干净。因为烙制法主要由金属传导热量，锅不干净，不利于制品的熟制，影响制品的色泽和美观。

（2）注意控制火候。金属导热快，火力比较集中，稍不留意，制品就会出现焦煳现象。要注意对火候的控制，一般较薄的饼类火候大些，中厚饼类、包馅品种或加糖的品种火候小一些。

（3）注意勤移动制品的位置。由于火力较集中，因此，锅中间的温度最高，与四周温度不匀，为使烙制品均匀受热，需要经常移动制品位置和移动锅位，并且要注意勤翻动制品，使其两面受热均匀，成熟一致。

（4）刷油烙需要注意油质。刷油烙一般要求选用熟的清洁油。若油质不够清洁，则油内的杂质会影响制品的成熟和外观；油生，则油内含有的异味，会影响制品的质量。

（5）洒水烙要正确洒水。洒水烙虽然是在干烙的基础上洒几次水，但洒水也很有讲究。洒水首先要将水洒在锅的最热处，以利于很快汽化。其次一次洒水不能过多，可以多洒几次，直至成熟。再次，洒水后要盖上盖，将制品焖熟。

3. **烙制的常见品种**

烙制的方法是面点熟制的常用方法之一，多用于水调面团、发酵面团、米粉面团等制品。

7.2 复合成熟方法

复合成熟法,就是经过两种或两种以上的成熟方法,使制品完全成熟的熟制法,因此,成品也就具有两种以上成熟方法的特点,具有一定的特殊风味。但在熟制时,必须掌握所用的几种成熟方法的步骤,才能保证成品的质量。

复合成熟法具体种类较多较杂,这里仅举几例常见方法作一简单介绍。

7.2.1 煮炒

煮炒,就是将生坯制品先煮制成半成品,再炒制成熟的一种综合加热法。这类方法在炒制时还经常配以配料,再经调味制成。

例:肉丝炒面

原料:面条125 g,里脊丝50 g,笋丝15 g,冬菇丝10 g,猪油250 g(实耗50 g),鲜汤、精盐、味精、水淀粉、素油适量。

制作:水烧开,将面条下锅煮沸后点水,至面浮起,捞出后入冷开水浸凉,沥去水分,放入少量盐和素油拌匀。另起锅烧热,放入猪油,烧至六成热后下入面条翻炒,待面条两面呈金黄色,沥去猪油,装入盆内。锅内留少许油烧热,放入肉丝煸炒,再放笋丝、冬菇丝同炒,加鲜汤及各调味品调味,略烧后勾芡,淋上猪油,浇在面条上即成。

7.2.2 蒸炸

蒸炸,就是将生坯制品先蒸至八九成熟,再经炸制而成。

例:油汆嫩酵包

原料:面粉90 g,面肥10 g,猪夹心肉85 g,皮冻35 g,素油200 g(实耗20 g),盐、糖、酱油、葱花、姜末、味精适量。

制作:将猪夹心肉剁成茸,放入盆内加各种调味品及适量清水拌匀,再加入皮冻略拌成馅。将面粉与面肥及适温的水调成面团,稍饧后摘成面剂,制皮,包入肉馅,提褶收口成小包子生坯。将小包子生坯入笼,蒸至八九成熟取下,略凉后,入六成热的油中炸至金黄即成。

7.2.3 煮炸烩

煮炸烩，就是将生坯制品先煮至八成熟，再经炸香，最后，与配料一起烩制而成。

例：伊府面

原料：鸡蛋刀切面 250 g，熟火腿片 20 g，笋片 20 g，小菜心 50 g，里脊片 20 g，盐、葱花、素油、高汤适量，猪油少许。

制作：将鸡蛋刀切面下锅煮至八成熟起锅，沥去水分，入五成热油锅炸至金黄香脆，起锅，沥去油。炒锅上火，加入少许猪油烧热，下入葱花略煸，再放入肉片、笋片略煸后，加入熟火腿片及菜心煸炒，加入高汤及面条同烩，待烧沸后调味，即可盛起。

7.3 熟制的质量标准

由于面点品种不同、熟制方法不同，面点熟制后的质量要求也不一样。具体地说，熟制后，不同面点的色、香、味、形、质的要求是不同的。

7.3.1 色

色是指面点熟制后的颜色，采用不同的熟制方法，所形成的面点的颜色是不一样的。如：蒸，要求色泽洁白均匀，接近自然；炸，要求色泽浅黄或金黄；烤，要求底部金黄或通体金黄等。

7.3.2 香

香是指面点熟制后的气味。任何面点熟制后，都要求气味正常，不能带有任何怪异的气味。如烤制温度偏高、时间过长，面点会产生焦煳的气味，那就不符合烤制面点的要求。

7.3.3 味

味是指面点熟制后的滋味。面点熟制后，一般均要求滋味醇正，咸甜适当，不应有偏咸、偏淡以及苦涩等不良滋味。这就要求在熟制过程中，注意味道的变化。如煮制法，由于面点充水，可能引起味道变淡；炸制法，由于面点失去水分，面点味道可能变浓等。

7.3.4 形

形是指面点熟制后的形态。一般情况下,面点熟制后均要求形态饱满、大小均匀、规格一致,并且保持成形的、精巧的造型,收口整齐,没有破皮、脱壳、露馅、流汁等现象。

7.3.5 质

质是指面点熟制后的质地要求。无论什么面点,采用什么熟制方法,都必须具有符合要求的质地。如酵面面点蒸制后要求质地绵软有弹性,酥点炸制后要求酥化松脆,面条煮制后要求软而筋道等。

以上五项质量标准互为前提,必须综合考虑,不能偏就一方,色、香、味、形、质,哪一方面不符合要求,都会直接影响面点的质量。

思 考 题

1. 什么叫煎成熟法?
2. 煎的操作程序和特点是什么?
3. 什么叫烙成熟法?
4. 烙制点心时要注意哪些要求?
5. 什么叫复合成熟法?
6. 什么叫煮炒成熟法?
7. 什么叫蒸炸成熟法?
8. 什么叫煮炸烩成熟法?
9. 熟制的质量标准有哪几方面?
10. 请列举两款用煮炸烩成熟法成熟的点心。

第8单元

面点盘饰工艺与装饰工艺

8.1 盘饰工艺 /86

8.2 装饰工艺 /89

8.1 盘饰工艺

8.1.1 盘饰概述

1. 盘饰的概念

盘饰又称面点的围边设计。它是在传统面点制作工艺的基础上,运用现代面塑手段,设计制作出植物、动物、人物、风景等造型,通过合理围饰、点缀或组装,使点心成品组合成完美的艺术图案的工艺过程。

2. 盘饰的目的

盛放点心的盘子,经过装饰后,可达到增加客人食欲,使客人获得美感,同时增加产品的卖点,提高经济价值的目的。

3. 盘饰的要求

盘饰的方法和手段多种多样,(有点缀、喷洒、涂抹、雕、捏、编织、造型等),所用的原料也多种多样,(有面料、澄粉、糖膏、杏仁膏、色素、樱桃、金糕、菜松、蛋松、巧克力、果料等),所以盘饰的总体要求是:以美化为标准,以简洁为原则,以色彩和谐艳丽为追求目标,最终达到色、形、意俱佳的效果。

(1) 盘饰对器皿的要求。一般来讲,用于装饰的盘子应是素色的,最好是纯白色的。因为素色的盘子有利于表现作品的内容,体现作品风格。

(2) 盘饰对卫生的要求。面点的盘饰一般具有可食性。虽然食客并不一定食用盘饰材料,但作品均应按可食要求设计,因此,卫生工作很重要。不应只重艺术要求而忽略了卫生要求。原料在加工前,应进行严格的消毒处理,有些品种要进行热处理,有的还要设计必要的调味工序,使之既卫生,又与点心的口味协调。

8.1.2 盘饰原料的运用

1. 混合面料的调制

(1) 配方一。面粉 500 g,糯米粉 50 g,蜂蜜 50 g,沸水适量。

将面粉、糯米分放入盆中混合拌匀,加入沸水和匀,以无干粉粒为度,放笼屉内蒸熟,取出,置于大理石案上,搓擦细腻,掺入蜂蜜揉匀,至面团滋润细腻光滑即可。

(2) 配方二。面粉 500 g,糯米粉 150 g,糖 50 g,水 600 g。

将面粉、糯米粉、糖、水放入盆中混合成面坯，放入蒸锅蒸 15 min 至不粘手为止，取出后晒凉，揉匀揉透即可。

2. 澄粉面料的调制

（1）配方一。澄面 500 g，猪油 50 g，沸水适量。

澄面放入盆中，冲入沸水，调和均匀，至软硬适度，取出置于大理石案上，反复搓擦揉匀，加入猪油，搓揉至面坯滑润即可。

（2）配方二。澄面 500 g，面粉 100 g，糯米粉 100 g，沸水 800 g，蜂蜜 25 g，猪油适量。

将澄面、面粉、糯米粉、蜂蜜放入盆中，冲入沸水，调和均匀，至软硬适度，取出置于大理石案上，反复搓擦揉匀，加入猪油，搓揉至面坯滑润即可。

3. 糖膏的调制

（1）配方一。糖粉 500 g，蛋清 100 g，香精 1 g，醋精 2 滴。

糖粉过筛，放入小盆内，加入蛋清，用尺板搅均匀，至起发呈白色，滴入 2 滴醋精，继续搅拌至能堆立住，基本不流散，再加入香精调好味。用湿布盖好即可。

（2）配方二。糖粉 500 g，蛋清 700 g，醋精 2 滴，白兰地 2 g。

将糖粉过筛，放在容器中，加入蛋清（糖粉与蛋清之比为 1∶1.4，其调制量及稠度根据需要灵活掌握）搅拌至白色、能够挤出花纹时，加入 2 滴醋精、2 g 白兰地继续搅拌，直至使糖粉增白为止。搅好的糖粉用湿布盖好即可。

4. 油膏的调制

（1）配方一。黄油 500 g，糖 250 g，水 125 g，香精适量。

糖 250 g 加水 125 g 放入不锈钢锅内，搅拌溶化后，上火熬开，用刷子抹去杂质，晾凉成糖水，取约 250 g 待用。黄油入盘化软，用尺板搅至发白，逐次加入糖水（每次必须充分搅拌均匀），将糖水全部兑入后，加入香精即可。

（2）配方二。黄油 500 g，糖水 350～500 g，白兰地适量。

黄油入盘化软（室温 20℃较好），用尺板搅至发白，逐次加入糖水（每次必须充分搅拌均匀），将糖水全部兑入（夏季约 350 g，冬季约 500 g），加入白兰地即成。

（3）配方三。糖粉 500 g，吉利片 2 g，水适量。

将吉利片放入碗内，加入凉水泡软，滤净水分，加入沸水泡至全部软化。将糖粉过筛，放在案台上开成窝形，倒入溶化的吉利片溶液，调合成坯即可。

8.1.3 盘饰原料的保管方法

（1）存放地点必须干燥、通风。

(2) 切忌高温、潮湿。

(3) 要避免异味感染，面料置于干净的容器内摆放整齐，面料之间应留有空隙。

(4) 要随时控制温度，储存的温度一般应控制在1~5℃之间。

8.1.4 盘饰的基本手法

1. 揉、搓、按、卷

(1) 揉。揉主要应用于盘饰面料的调制阶段。经过揉制的面坯，具有一定的柔韧性、可塑性，且色彩均匀，面皮光滑。

(2) 搓。搓在盘饰工艺中常常用到，主要有搓团、搓条、搓球和掺色等。

(3) 按。按是将搓好的面料用手掌或手指压扁的过程。

(4) 卷。在制作筒状或带有弯曲叶片的作品时常用到卷的手法。

2. 镶、扭、锁、捏、剪

(1) 镶。在制作花卉等作品时，花蕊的安装手法为镶。

(2) 扭。是对作品某一部分进行弯曲、折转的方法。如花枝的形态定型。

(3) 锁。即锁边。这种手法常用来处理花瓣的边缘部分，使之平滑柔顺。

(4) 捏。捏是最常用的手法，也是最不容易掌握的技巧。几乎所有的造型均要靠拇指和食指捏出来。要求除了手巧，还要心灵，要对作品有总体的把握和具体的刻画能力，要达到形神兼备的效果。

(5) 剪。剪是借助剪刀对作品的某一部分进行加工的过程。用剪的手法可以制作鸟的羽毛、尾巴，人物的手、脚，花卉的枝、叶等。

3. 钳、挤、点、雕、印

(1) 钳。钳是借助花镊子，对作品的某一部分进行定型加工的过程。如叶片、花瓣的纹理部分等。

(2) 挤。挤是西点工艺中的基本手法，即运用各种花色定型挤嘴，挤注丰富多彩图案的过程。

(3) 点。这种技法类似于"镶"，不同之处是它用于比较细小的局部处理，如人物的眼睛、花卉花蕊等。

(4) 雕。即雕刻。是借助刀在制作人物、兽、鸟、鱼、虫等立体作品时，对其进行刻画的过程。

(5) 印。即用模子扣出图案，就像盖图章一样，借助模具，可以很快复制出众多图案相同的作品。

8.2 装饰工艺

8.2.1 装饰点心的选料、技法和分类

1. 装饰点心原料的要求

点心的美化决定于多彩的原料、娴熟的刀工、适时的火候、精美的造型以及情趣素养等多方面因素。装饰点心一般是通过设计点心图案、造型，运用辅助手段围边、增色来实现。不论是采用哪种方法来装饰点心，用料一定是能食用的。另外，多利用原料固有的色彩也是装饰点心的要求之一。

2. 装饰点心的技法

装饰点心要运用各种不同的工具和材料，施以不同技法，以产生出各种不同的艺术效果。常用的技法有点绘法、线描法、平涂法、晕染法、镶嵌法、盖印法、拼盘法等。

（1）点绘法。是利用点的大小、方圆、疏密、规则与不规则的变化，构成物象的轮廓和立体感的装饰工艺技法。

（2）线描法。是利用线的粗细、曲直、方圆、长短、疏密、轻重等变化来表现物象的轮廓和立体感的装饰工艺技法。

（3）平涂法。是借用常规美术中的平涂技法，将带色的膏、泥、条、粉、粒等食品原料，均匀地涂抹、沾、筛在糕点图案的表层。厚薄一致、色度均衡是最主要的要求。

（4）晕染法。是借用常规美术中的晕染技法，将不同颜色的同质原料（如膏、泥、条、汁等）用沾、抹、挤、划等手法使其有机结合，形成自然的、渐变的、不规则的装饰工艺技法。

（5）镶嵌法。是将原料嵌入图案坯内，或将原料镶在图案四边的造型技法。

（6）盖印法。是利用各种印章，直接盖在糕点表面，装饰点心的一种技法。

（7）拼摆法。是将各种固体原料直接拼放在糕点坯表面，构成图案的造型方法。

3. 装饰点心的图案分类

装饰点心的图案是指具有装饰意味的花纹和图样，其特点是结构整齐、均匀、谐调。图案可分为平面图案、立体图案、平面和立体相结合的综合性图案。平面图案讲究纹样、构图、色彩，立体图案则讲究形态、装饰、色彩等几方面。

8.2.2 面塑造型

面塑造型是运用不同的成形手法塑造点心形象的过程。多种多样的成形工艺为造型的实现提供了条件。

1. 面塑造型的特征和要求

面塑造型不仅应该体现形象美，使点心制品给人以一种艺术美的享受，而且在一定程度上反映了某一历史时期、某一国家的科学技术和文化艺术水平。面塑造型的内容要求是：设计精，形象美，内容新，难度高，要"古为今用，洋为中用"。

2. 面塑造型的分类

(1) 面塑造型以外观形象分类，主要有自然形态、几何形态、象形形态三种。

(2) 面塑造型以成形手段分类，主要有手工成形、印模成形、机器成形三种。

3. 面塑造型的工艺流程

构思→选料→加工→造型→装饰。

4. 面塑造型的工艺要求

(1) 首先要设计图案，构思造型。

(2) 分析研究原材料、制作工艺、销售对象，决定采用手工造型还是印模造型。

(3) 造型不仅要形似，而且要神似。

(4) 造型的材料要符合本国家、本民族、本地区的传统饮食习惯，审美情趣要高雅。

8.2.3 裱花

裱花是利用纸筒、布袋、一次性裱花袋、裱花嘴等挤注工具，在饼坯、糕坯上挤注花样的一种装饰性技艺。它是面点图案制作工艺中难度较大的一种技巧。

裱花的原料大多采用油脂、糖粉、蛋清等原料调制的油膏、糖膏、蛋膏、奶膏。

裱花的基本图案有星形、花形、叶形、曲线形、点形、圈形、字母及简单的风景纹样等。

裱花图案制作时要做到：

1. 正确使用原材料

(1) 琼脂的使用。用琼脂调制裱花糖膏可使裱花图案的表面呈胶体状，起到美化、装饰的作用。琼脂糖浆熬制后一定要过筛，滤去小硬块，以免硬块混入糖膏，造成裱花口堵塞，使裱口破裂。

(2) 蛋白的选用。制作蛋白膏最好选用蛋白浓稠度高、韧性好的新鲜蛋白。

(3) 原料间的比例。主要原料中油脂、蛋白、糖浆、琼脂之间的比例和用量要根据糖膏的用途而定。用来涂面或夹心的,因塑性要求不高,糖可稍多;用来挤注花型的,要求塑性良好,故糖的用量要稍少,蛋白的比例应加大。

(4) 膏的拌制。裱花用的糖膏、油膏,尤其是蛋白膏要求搅打得气孔细密、软而不塌,这样,裱出的图案花纹才清晰。

(5) 适当加酸。制作糖膏时,适当加一点柠檬酸可帮助糖膏凝固,增加其光洁度。用这样的糖膏裱成的图案不易变色,还具有水果味。

2. 选好裱制的工具

要根据表现对象选择不同齿口形状的裱花嘴。

3. 正确使用裱头

(1) 裱头的高低和力度。裱头高,挤出的花纹瘦弱无力,齿纹易模糊;裱头低,挤出的花纹肥大粗壮,齿纹清晰。裱头倾斜度小,挤出的花纹瘦小;倾斜度大,挤出的花纹肥大。裱注时用力大,花纹粗大有力;用力小,花纹纤细柔弱。

(2) 裱头运行速度。不同的裱注速度,制成的花纹风格大不相同。对于粗细大小都较均匀的造型,裱注速度应较迅速;对于变化有致的图案,裱头运行的速度要有快有慢。

4. 配色

总的要求是要自然、淡雅。裱花图案的色彩以使用天然色为主,必要时可辅之以合成色素。

5. 文字使用要求

(1) 使用适当的字体。

(2) 注意文字的含义。

(3) 注意字的排列和布局。

(4) 根据图案中其他纹样的色彩,选择明度、色度适宜的文字色彩。

思 考 题

1. 什么叫盘饰?
2. 盘饰需要哪些要求?
3. 混合面料是用哪些原料调制的?
4. 澄粉面料是用哪些原料调制的?
5. 糖膏面料是用哪些原料调制的?
6. 油膏面料是用哪些原料调制的?
7. 怎样更好地保管盘饰原料?

8. 盘饰的基本手法有哪几种?
9. 常用装饰点心的技法有几种?
10. 什么叫面塑造型?
11. 面塑造型有哪些工艺要求?
12. 面塑造型的图样怎样分类?
13. 什么叫裱花?
14. 如何正确使用裱头?
15. 如何做到使用文字得体?
16. 裱花大多采用哪些原料?

第9单元

面点制作

9.1 膨松面团类 /94
9.2 油酥面团类 /103
9.3 澄粉、其他面团类 /114

9.1 膨松面团类

9.1.1 鲜肉生煎包

【主坯原料】中筋面粉 150 g。
【制馅原料】夹心肉糜 100 g，皮冻 60 g。
【调味原料】盐 3 g，糖 3 g，味精 3 g，料酒、胡椒粉、葱姜汁、麻油适量。
【辅助原料】干酵母 2 g，泡打粉 2 g，糖 15 g。
【制作方法】

1. 调制馅心

（1）拌制鲜肉馅。将夹心肉糜放入盛器内，先加入盐、料酒、胡椒粉按一个方向搅拌，然后，逐渐掺入葱姜汁和水搅拌，再加入糖和味精，待肉糜拌上劲淋入麻油。

（2）拌制皮冻。将皮冻切成小粒，加入鲜肉馅，即成生煎包馅。

（3）口味特点。咸鲜味，味浓香鲜。

（4）色泽。本色。

2. 皮坯制作

（1）调制面团。将面粉围成窝状，中间加入干酵母和少许白糖，面粉四周撒上泡打粉，加入温水用手调拌面粉，调成"雪花状"，再加入少许水，揉成软硬适中的面团。用湿布盖好面团，饧 5~10 min。

（2）擀皮、包捏成形。将面团摘成 25 g 重的面坯，用单手杖擀成圆形的皮，包入鲜肉生煎馅 25 g，捏成皱形的花纹，即成鲜肉生煎包。

3. 成熟

包好的鲜肉包放入平底锅内，放在炉上加水和油煎熟。

4. 成品要求

色泽：洁白有光泽；形态：大小一致，花纹美观；质感：皮坯松软，馅心咸鲜，味浓香鲜。

5. 制作要领

面团要揉透、光洁，馅心拌制时不能有腥味。

9.1.2 翡翠秋叶包（豌茸馅）（见彩图1）

【主坯原料】中筋面粉 150 g。

【制馅原料】新鲜豌豆 250 g。

【调味原料】糖 200 g，精制油 100 g，淀粉适量。

【辅助原料】干酵母 2 g，泡打粉 2 g，糖 15 g。

【制作方法】

1. 炒制馅心

（1）用沸水将新鲜豌豆煮熟取出浸入冷水中，再用粉碎机把豌豆加工成豆茸。

（2）用干净的炒锅加入少许的油烧热，倒入豌豆茸和糖一起用小火炒制，待收干水分后加入油再煸炒至有香味盛起。如果要馅心干硬一些，可以在炒制过程中加入干淀粉。

（3）口味特点。香甜滑爽，色泽碧绿。

2. 皮坯制作

（1）调制面团。将面粉围成窝状，中间加入干酵母和少许白糖，面粉四周撒上泡打粉，加入温水用手调拌面粉，调成"雪花状"，再加入少许水，揉成软硬适中的面团。用湿布盖好面团，饧 5～10 min。

（2）擀皮、包捏成形。将面团摘成 20 g 重的面坯，用单手杖擀成圆形的皮，包入豌茸馅 10 g，捏成秋叶形的花纹，即成翡翠秋叶包，如图 9—1 所示。

3. 成熟

包好的翡翠秋叶包放入蒸笼内，将蒸笼放在温暖的地方饧发约 30 min，饧发好后放在蒸锅上蒸 8 min。

4. 成品要求

色泽：洁白有光泽；形态：大小一致，花纹美观；质感：皮坯松软，馅心香甜碧绿。

5. 制作要领

面团要揉透、光洁，馅心炒制时火候不宜过大。

9.1.3 淮扬五丁包（见彩图2）

【主坯原料】中筋面粉 150 g。

【制馅原料】鸡肉 50 g，猪肉 50 g，海参 50 g，虾仁 50 g，冬笋（净）100 g，葱花适量。

【调味原料】盐、糖、生抽、味精、猪油、料酒、胡椒粉、湿淀粉、葱姜末、麻油适量。

图9—1 翡翠秋叶包包捏成形

【辅助原料】干酵母2 g,泡打粉2 g,糖15 g。
【制作方法】
1. 烹制馅心
(1) 将冬笋去壳,放入锅内加水煮烧熟后取出,用刀切成小丁待用。
(2) 将鸡肉、猪肉煮熟后,取出切成丁。
(3) 将虾仁上浆,滑油待用。
(4) 将海参切成丁,焯水待用。
(5) 取干净的炒锅,加入适量油烧热,放入葱、姜末煸香,倒入猪肉丁、鸡肉丁、冬笋丁,加入料酒、生抽、盐、糖、胡椒粉、肉汤等一起烧沸后,再加入虾仁、海参丁烧沸,最后加入味精和湿淀粉勾芡,淋入麻油撒上葱花即可。

(6) 口味特点：咸中带甜，味浓香鲜。

(7) 色泽。淡黄色。

2. 皮坯制作

(1) 调制面团。将面粉围成窝状，中间加入干酵母和少许白糖，面粉四周撒上泡打粉，加入温水用手调拌面粉，调成"雪花状"，再加入少许水，揉成软硬适中的面团。用湿布盖好面团，饧 5~10 min。

(2) 擀皮、包捏成形。将面团摘成 25 g 重的面坯，用单手杖擀成圆形的皮，包入五丁馅 15 g，捏成皱形的花纹，即成五丁包。

3. 成熟

包好的五丁包放入蒸笼内，将蒸笼放在温暖的地方饧发 30 min，饧发好后，放在蒸锅上蒸 10 min。

4. 成品要求

色泽：洁白有光泽；形态：大小一致，花纹美观；质感：皮坯松软，馅心咸鲜味。

5. 制作要领

面团要揉透、光洁，馅心炒制时油要少。

9.1.4 蚝皇菌菇包

【主坯原料】中筋面粉 150 g。

【制馅原料】白灵菌菇 50 g，鲜香菇 50 g，茶树菇 50 g，蘑菇 50 g，葱花适量。

【调味原料】蚝油、糖、生抽、味精、汤、湿淀粉、麻油适量。

【辅助原料】干酵母 2 g，泡打粉 2 g，糖 15 g。

【制作方法】

1. 烹制馅心

(1) 将白灵菌菇、鲜香菇、茶树菇、蘑菇用刀切成小丁待用。

(2) 取干净的炒锅，加入适量油烧热后，放入白灵菌菇、鲜香菇、茶树菇、蘑菇等煸炒，加入少许生抽、蚝油、糖、汤等一起烧沸后，最后加入味精，用湿淀粉勾芡，淋入麻油，撒上葱花即可。

(3) 口味特点。咸中带甜，味浓香鲜。

(4) 色泽。淡黄色。

2. 皮坯制作

(1) 调制面团。将面粉围成窝状，中间加入干酵母和少许白糖，面粉四周撒上泡打粉，加入温水用手调拌面粉，调成"雪花状"，再加入少许水，揉成软硬适中的面团。用湿布盖好面团，饧 5~10 min。

（2）擀皮、包捏成形。将面团摘成 25 g 重的面坯，用单手杖擀成圆形的皮，包入蚝皇菌菇馅 15 g，捏成皱形的花纹，即成蚝皇菌菇包，如图 9—2 所示。

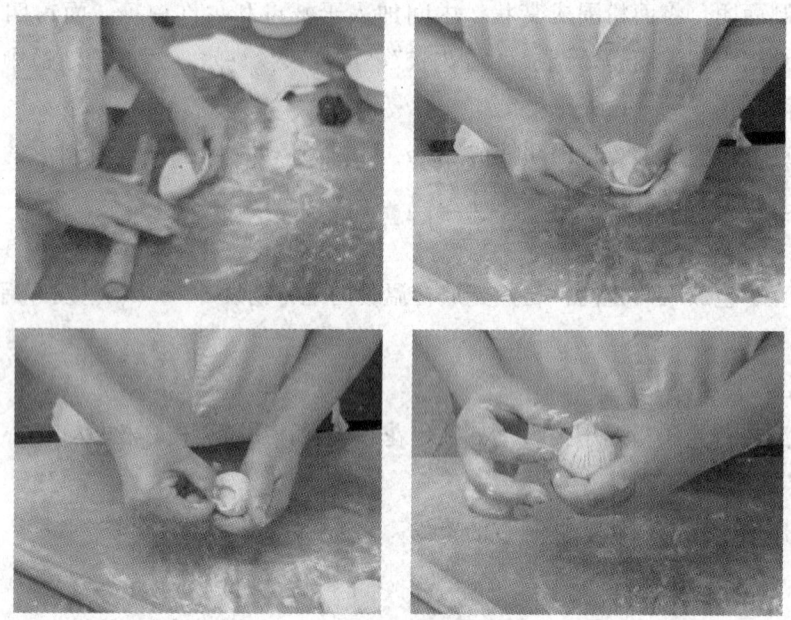

图 9—2　蚝皇菌菇包包捏成形

3. 成熟

包好的蚝皇菌菇包放入蒸笼内，将蒸笼放在温暖的地方饧发 30 min，饧发好后，放在蒸锅上蒸 10 min。

4. 成品要求

色泽：洁白有光泽；形态：大小一致，花纹美观；质感：皮坯松软，馅心咸鲜味。

5. 制作要领

面团要揉透、光洁，馅心炒制时油要少。

9.1.5　鱼香茄子包（见彩图 3）

【主坯原料】中筋面粉 150 g。

【制馅原料】茄子丁 100 g，猪肉糜 25 g，葱花适量。

【调味原料】盐、糖、香醋、生抽、味精、料酒、胡椒粉、湿淀粉、蒜葱姜末、郫县豆瓣酱、酒酿、泡椒粒、麻油适量。

【辅助原料】干酵母 2 g，泡打粉 2 g，糖 15 g。

【制作方法】
1. 烹制馅心
(1) 锅上火将茄子丁放入锅内滑油收干水分,取出待用。
(2) 将锅内的油倒出,留有少许油煸炒蒜葱姜末,加入猪肉糜煸熟后,加入郫县豆瓣酱、酒酿、泡椒粒等调味料,再把茄子丁放进锅内,加盐、糖、香醋、生抽、味精、料酒、胡椒粉等烧沸勾芡,淋入麻油,撒上葱花即可。
(3) 口味特点。小甜酸辣,味浓香鲜。
(4) 色泽。本色。

2. 皮坯制作
(1) 调制面团。将面粉围成窝状,中间加入干酵母和少许白糖,面粉四周撒上泡打粉,加入温水用手调拌面粉,调成"雪花状",再加入少许水,揉成软硬适中的面团。用湿布盖好面团,饧 5~10 min。
(2) 擀皮、包捏成形。将面团摘成 25 g 重的面坯,用单手杖擀成圆形的皮,包入鱼香茄子馅 15 g,捏成皱形的花纹,即成鱼香茄子包。

3. 成熟
包好的鱼香茄子包放入蒸笼内,将蒸笼放在温暖的地方饧发约 30 min,饧发好后,放在蒸锅上蒸 10 min。

4. 成品要求
色泽:洁白有光泽;形态:大小一致,花纹美观;质感:皮坯松软,馅心香甜辣酸。

5. 制作要领
面团要揉透、光洁,馅心炒制时油要少,芡汁要厚。

9.1.6 蟹黄鲜肉包(见彩图 4)

【主坯原料】中筋面粉 150 g。
【制馅原料】夹心肉糜 100 g,蟹粉 25 g。
【调味原料】盐 2 g,糖 2 g,味精 2 g,猪油、料酒、胡椒粉、葱姜末、葱姜汁、麻油、香醋适量。
【辅助原料】干酵母 2 g,泡打粉 2 g,糖 15 g。
【制作方法】
1. 调制馅心
(1) 拌制鲜肉馅。将夹心肉糜放入盛器内,先加入盐、料酒、胡椒粉按一个方向搅拌,然后,逐渐掺入葱姜汁和水搅拌,再加入糖和味精,待肉糜拌上劲淋入麻油。

(2) 炒制蟹粉。用干净的炒锅放入少许猪油，加入葱姜末、蟹黄煸香后，再把蟹肉倒入锅内煸炒，加入一点香醋去腥味，收干水分即成。

(3) 将冷却后的蟹粉和拌好味的鲜肉馅拌和在一起，即成蟹黄鲜肉馅。

(4) 口味特点。咸鲜味，味浓香鲜。

(5) 色泽。本色。

2. 皮坯制作

(1) 调制面团。将面粉围成窝状，中间加入干酵母和少许白糖，面粉四周撒上泡打粉，加入温水用手调拌面粉，调成"雪花状"，再加入少许水，揉成软硬适中的面团。用湿布盖好面团，饧 5~10 min。

(2) 擀皮、包捏成形。将面团摘成 25 g 重的面坯，用单手杖擀成圆形的皮，包入蟹黄鲜肉馅 15 g，捏成皱形的花纹，即成蟹黄鲜肉包。

3. 成熟

包好的蟹黄鲜肉包放入蒸笼内，将蒸笼放在温暖的地方饧发约 30 min，饧发好后，放在蒸锅上蒸 10 min。

4. 成品要求

色泽：洁白有光泽；形态：大小一致，花纹美观；质感：皮坯松软，馅心咸鲜味，味浓香鲜。

5. 制作要领

面团要揉透、光洁，馅心拌制时不能有腥味。

9.1.7 豌茸刺猬包（见彩图 5）

【主坯原料】中筋面粉 150 g。

【制馅原料】新鲜豌豆 250 g。

【调味原料】糖 200 g，精制油 100 g，淀粉适量。

【辅助原料】干酵母 2 g，泡打粉 2 g，糖 15 g，蛋清适量，咖啡色面团。

【制作方法】

1. 炒制馅心

(1) 用沸水将新鲜豌豆煮熟取出浸入冷水中，再用粉碎机把豌豆加工成豆茸。

(2) 用干净的炒锅加入少许的油烧热，倒入豌豆茸和糖一起用小火炒制，待收干水分后加入油再煸炒至有香味盛起。如果要馅心干硬一些，可以在炒制过程中加入干淀粉。

(3) 口味特点。香甜滑爽，色泽碧绿。

2. 皮坯制作

(1) 调制面团。将面粉围成窝状，中间加入干酵母和少许白糖，面粉四周撒上泡打粉，加入温水用手调拌面粉，调成"雪花状"，再加入少许水，揉成稍硬面团。用湿布盖好面团，饧5～10 min。

(2) 擀皮、包捏成形。将面团摘成20 g重的面坯，用单手杖擀成圆形的皮，包入豌茸馅10 g，捏成长形再用小剪刀剪出刺猬形的花纹，即成刺猬包，如图9—3所示。

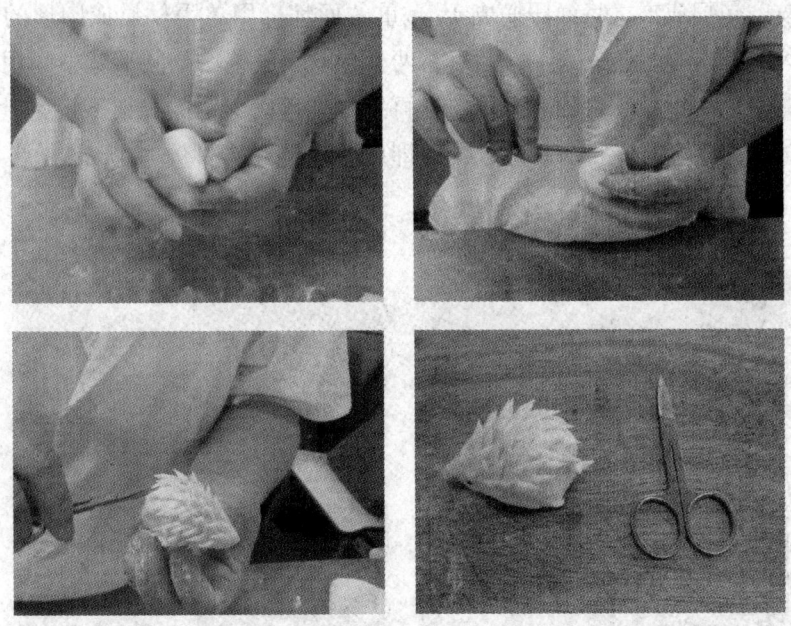

图9—3　豌茸刺猬包包捏成形

3. 成熟

包好的刺猬包放入蒸笼内，将蒸笼放在温暖的地方饧发约30 min，饧发好后，放在蒸锅上蒸8 min。

4. 成品要求

色泽：洁白有光泽；形态：大小一致，花纹美观；质感：皮坯松软，馅心香甜碧绿。

5. 制作要领

面团要揉透、光洁，掌握饧发时间，馅心炒制时火候不宜过大。

9.1.8　双味葫芦包（莲茸、豆沙馅）（见彩图6）

【主坯原料】中筋面粉150 g。

【制馅原料】莲茸50 g，豆沙50 g。

【辅助原料】干酵母 2 g，泡打粉 2 g，糖 15 g，蛋清适量，咖啡色面团。

【制作方法】

1. **皮坯制作**

（1）调制面团。将面粉围成窝状，中间加入干酵母和白糖，面粉四周撒上泡打粉，加入温水用手调拌面粉，调成"雪花状"，再加入少许水，揉成稍硬面团。用湿布盖好面团，饧 5~10 min。

（2）擀皮、包捏成形。将面团摘成 15 g 重的面坯，用单手杖擀成圆形的皮，包入莲茸 8 g，豆沙 10 g 馅心，搓成圆形，然后将两个包入不同馅心的圆形球中间用蛋清粘在一起，上面的一个球用手捏出尖顶成葫芦状，再用咖啡色面团，搓成细条状的绳子，将面绳粘在两圆形球的中间，正面打一个蝴蝶结，即成葫芦包，如图 9—4 所示。

图 9—4　双味葫芦包包捏成形

2. 成熟

包好的葫芦包放入蒸笼内,将蒸笼放在温暖的地方饧发约 30 min,饧发好后,放在蒸锅上蒸 8 min。

3. 成品要求

色泽:洁白有光泽;形态:大小一致,形态逼真;质感:皮坯松软,馅心香甜。

4. 制作要领

面团要揉透、光洁,上面的球团要比下面的球团小,掌握饧发时间。

9.2 油酥面团类

9.2.1 三丝眉毛酥(见彩图 7)

【主坯原料】中筋面粉 180 g,低筋面粉 130 g,猪油 80 g。

【制馅原料】猪肉丝 100 g,冬笋丝 50 g,香菇丝 50 g,葱花适量。

【调味原料】盐、糖、酱油、味精、料酒、胡椒粉、湿淀粉、葱姜末、麻油适量。

【辅助原料】蛋清适量。

【制作方法】

1. 炒制馅心

(1) 将冬笋去壳,放入锅内加水煮烧熟,取出用刀切成丝。干香菇用水浸泡后切成丝待用。

(2) 将猪肉切成丝,用盐、味精、料酒、胡椒粉、蛋清、湿淀粉等调味料上浆。

(3) 取干净的炒锅,加入适量油烧热四成后,倒入猪肉丝划炒片刻捞出。

(4) 炒锅内留少量的油,把冬笋丝、香菇丝倒入煸炒,再倒入划炒过的猪肉丝,加入料酒、盐、糖、胡椒粉、酱油、水等一起煸炒,再加入味精和湿淀粉勾芡,淋入麻油撒上葱花即可。

(5) 口味特点。鲜香咸。

(6) 色泽。淡金黄色。

2. 皮坯制作

(1) 调制面团

1) 调制水油面。将中筋面粉 180 g 与猪油 30 g 加温水调制成水油面,盖上湿布饧面。

2）调制干油酥。将低筋面粉 130 g 与猪油 50 g 搓擦成油酥。

（2）擀制油酥面。将水油面包干油酥，然后用手压扁，再用擀面杖擀成长方形的薄片；两头朝中间对折，擀成长方形厚薄均匀的面片；再由外向里卷成圆筒形；用刀切成 25 g 重的圆酥面坯。

（3）包捏成形。将面坯用擀面杖擀成圆形的皮子，包入三丝馅 15 g，将两边对捏在一起，用手在边上捏卷花纹，收口处粘上蛋清，即成三丝眉毛酥，如图 9—5 所示。

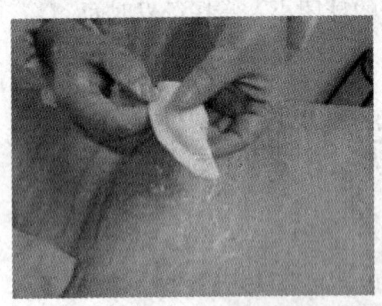
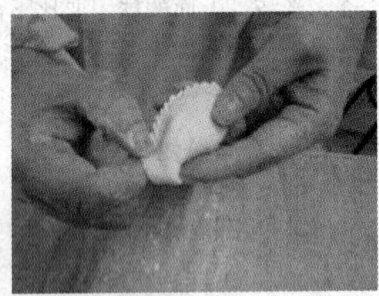
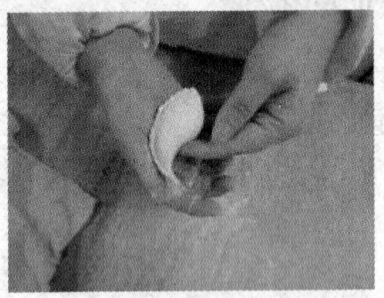

图 9—5　三丝眉毛酥包捏成形

3. 成熟

放入约 130 ℃ 的油锅内，用中小火炸制约 18 min。

4. 成品要求

色泽：象牙色；形态：大小均匀，形似眉毛；质感：吃口酥松，酥层均匀。

5. 制作要领

面团不宜过硬，油温要掌握恰当，起锅时油温可以稍高。

9.2.2　萝卜丝酥饼（见彩图 8）

【主坯原料】中筋面粉 180 g，低筋面粉 130 g，猪油 80 g。

【制馅原料】白萝卜丝 200 g，猪板油丁 25 g，火腿粒 15 g，葱花 10 g。

【调味原料】盐、糖、味精、胡椒粉、花椒粉、麻油适量。

【辅助原料】白芝麻、蛋清适量。

【制作方法】

1. 拌制馅心

（1）将白萝卜洗干净，用刨子或刀加工成萝卜丝，用精盐腌制片刻，取出挤干水分待用。

（2）将腌制后的白萝卜丝和猪板油丁、火腿粒等原料拌和在一起，加入少许盐、味精、糖、花椒粉、胡椒粉等调味料，拌制均匀，最后再加入葱花和麻油拌匀，即成萝卜丝馅心。

（3）口味特点。鲜香咸。

（4）色泽。本色。

2. 皮坯制作

（1）调制面团

1）调制水油面。将中筋面粉 180 g 与猪油 30 g 加温水调制成水油面，盖上湿布饧面。

2）调制干油酥。将低筋面粉 130 g 与猪油 50 g 搓擦成油酥。

（2）擀制油酥面。将水油面包干油酥，然后用手压扁；再用擀面杖擀成长方形的薄片；两头朝中间对折，擀成长方形厚薄均匀的面片；再由外向里卷成圆筒形；用刀切成 25 g 重的直酥面坯。

（3）包捏成形。将面坯用擀面杖擀成圆形的皮子，包入萝卜丝馅 15 g，包成椭圆形，有酥层的放在表面，收口处粘上蛋清，再沾上少许白芝麻，即成萝卜丝酥饼。

3. 成熟

放入约 130℃的油内，用中小火炸制约 20 min。

4. 成品要求

色泽：象牙色；形态：大小均匀，形态美观；质感：吃口酥松，酥层均匀。

5. 制作要领

面团不宜过硬，油温要掌握恰当，起锅时油温可以稍高。

9.2.3 双味鸳鸯酥（莲茸、豆沙馅）（见彩图 9）

【主坯原料】中筋面粉 180 g，低筋面粉 130 g，猪油 80 g。

【制馅原料】莲茸 50 g，豆沙 50 g。

【辅助原料】蛋清适量。

【制作方法】

1. 皮坯制作

（1）调制面团

1）调制水油面。将中筋面粉 180 g 与猪油 30 g 加温水调制成水油面，盖上湿布饧面。

2）调制干油酥。将低筋面粉 130 g 与猪油 50 g 搓擦成油酥。

（2）擀制油酥面。将水油面包干油酥，然后用手压扁，再用擀面杖擀成长方形的薄片；两头朝中间对折，擀成长方形厚薄均匀的面片；再由外向里卷成圆筒形，用刀切成 15 g 重的圆酥面坯。

（3）包捏成形。将面坯用擀面杖擀成圆形的皮子，分别包入莲蓉馅 8 g、豆沙馅 8 g，分别将两边对捏在一起，然后在两个不同馅心的坯子中间沾上蛋清，再把它们交叉对捏起来，用手在边上捏卷成花纹，收口处粘上蛋清，即成鸳鸯酥，如图 9—6 所示。

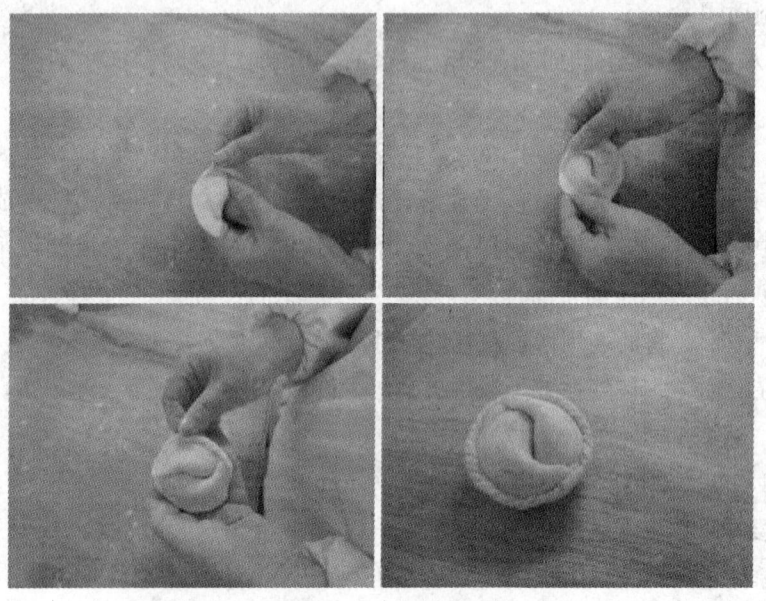

图 9—6　双味鸳鸯酥包捏成形

2. 成熟

放入约 130 ℃ 的油锅内，用中小火炸制约 20 min。

3. 成品要求

色泽：象牙色；形态：大小均匀，形似两个眉毛酥；质感：吃口酥松，酥层均匀。

4. 制作要领

面团不宜过硬，油温要掌握恰当，起锅时油温可以稍高。

9.2.4 莲茸蝙蝠酥（见彩图 10）

【主坯原料】中筋面粉 180 g，低筋面粉 130 g，猪油 80 g。

【制馅原料】莲茸馅 100 g。

【辅助原料】蛋清适量，黑芝麻少许。

【制作方法】

1. 皮坯制作

（1）调制面团

1）调制水油面。将中筋面粉 180 g 与猪油 30 g 加温水调制成水油面，盖上湿布饧面。

2）调制干油酥。将低筋面粉 130 g 与猪油 50 g 搓擦成油酥。

（2）擀制油酥面。将水油面包干油酥，然后用手压扁；再用擀面杖擀成长方形的薄片，两头朝中间对折，擀成长方形厚薄均匀的面片；再由外向里卷成圆筒形，用刀切成 25 g 重的圆酥面坯。

（3）包捏成形。将面坯用擀面杖擀成圆形的皮子，包入莲茸馅 15 g，将两边对捏在一起，用手在边上捏卷成花纹，收口处粘上蛋清，然后在成品的中间用筷子夹一下，再用手捏出嘴，在嘴的两边沾上两粒黑芝麻，即成蝙蝠酥，如图 9—7 所示。

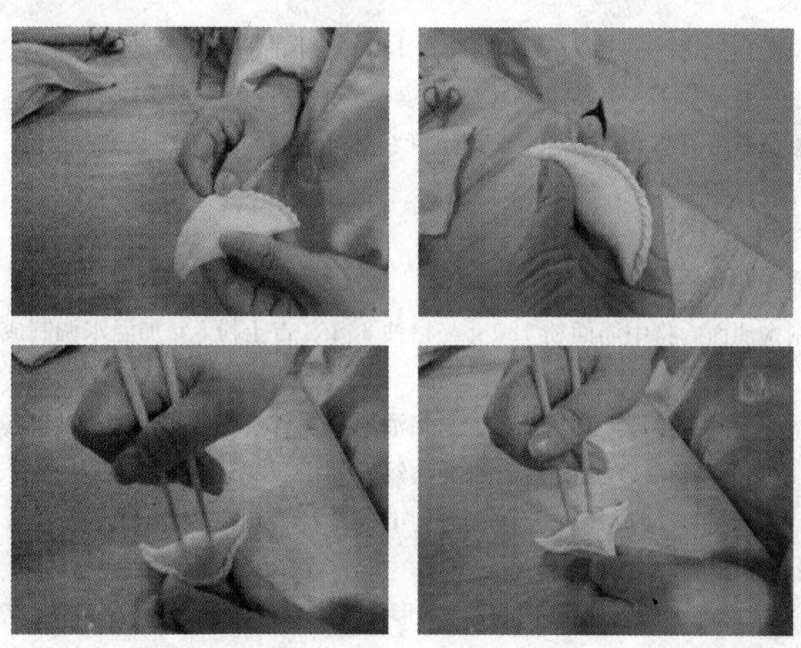

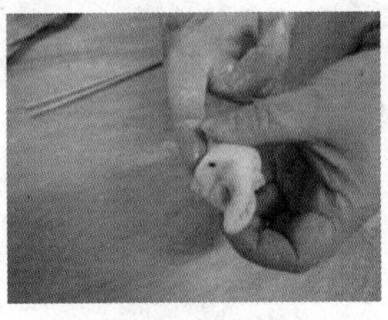 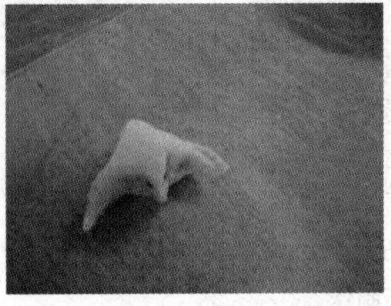

图9—7 莲茸蝙蝠酥包捏成形

2. 成熟

放入约130℃的油锅内,用中小火炸制约20 min。

3. 成品要求

色泽:象牙色;形态:大小均匀,形似蝙蝠;质感:吃口酥松,酥层均匀。

4. 制作要领

面团不宜过硬,油温要掌握恰当,起锅时油温可以稍高。

9.2.5 莲茸枇杷酥(见彩图11)

【主坯原料】中筋面粉180 g,低筋面粉130 g,猪油80 g,吉士粉10 g。

【制馅原料】莲茸100 g。

【辅助原料】蛋清适量,白芝麻、黑芝麻、咖啡色面团少许。

【制作方法】

1. 皮坯制作

(1) 调制面团

1) 调制水油面。将中筋面粉180 g与猪油30 g、吉士粉5 g加温水调制成水油面,盖上湿布饧面。

2) 调制干油酥。将低筋面粉130 g与猪油50 g、吉士粉5 g搓擦成油酥。

(2) 擀制油酥面。将水油面包干油酥,然后用手压扁;再用擀面杖擀成长方形的薄片,两头朝中间对折,擀成长方形厚薄均匀的面片;再由外向里卷成圆筒形,用刀切成25 g重的圆酥面坯。

(3) 包捏成形。将面坯用擀面杖擀成圆形的皮子,包入莲茸馅15 g,包成椭圆形,有酥层的放在表面,收口处粘上蛋清,再沾上少许白芝麻;在成品的一头粘上蛋清,少沾点黑芝麻,另一头插上用咖啡色面团搓成的梗,即成枇杷酥,如图9—8所示。

图9—8 莲茸枇杷酥包捏成形

2. 成熟

放入约130℃的油锅内,用中小火炸制约20 min。

3. 成品要求

色泽:象牙色;形态:大小均匀,形似蝙蝠;质感:吃口酥松,酥层均匀。

4. 制作要领

面团不宜过硬,油温要掌握恰当,起锅时油温可以稍高。

9.2.6 枣香水仙酥

【主坯原料】中筋面粉120 g,低筋面粉80 g,猪油55 g。

【制馅原料】腰果仁100 g,松子仁100 g,红枣200 g,白膘100 g,糕粉200 g,糖粉50 g。

【辅助原料】蛋清适量。

【制作方法】

1. 拌制馅心

(1) 将松子仁、腰果仁用温油氽熟待用。

(2) 白膘切成丁、红枣切成粗粒。

(3) 将以上加工好的原料掺入糖粉、糕粉一起拌均匀即成枣香馅。

(4) 口味特点。香甜、营养丰富。

(5) 色泽。本色。

2. 皮坯制作

(1) 调制面团

1) 调制水油面。将中筋面粉 120 g 与猪油 20 g 加温水调制成水油面,盖上湿布饧面。

2) 调制干油酥。将低筋面粉 80 g 与猪油 35 g 搓擦成油酥。

(2) 擀制油酥面。将水油面和干油酥各摘成 6 个剂子,然后将水油面包干油酥,用手压扁;再用擀面杖擀成长方形的薄片,两边朝中间对折;再擀成长方形厚薄均匀的面片;再把面坯由外向里折成三层,用擀面杖再擀成小皮子,用剪刀修剪成圆形的皮子,坯重 25 g。

(3) 包捏成形。制圆形的皮子,包入枣香馅 15 g,包成 6 个角形,用剪刀在每个角上剪一刀,然后把剪过的面条再翻粘在中间,并用蛋清粘上,中间用其他颜色面团作装饰,最后在每个角的边上再用剪刀剪一下,即成水仙酥,如图 9—9 所示。

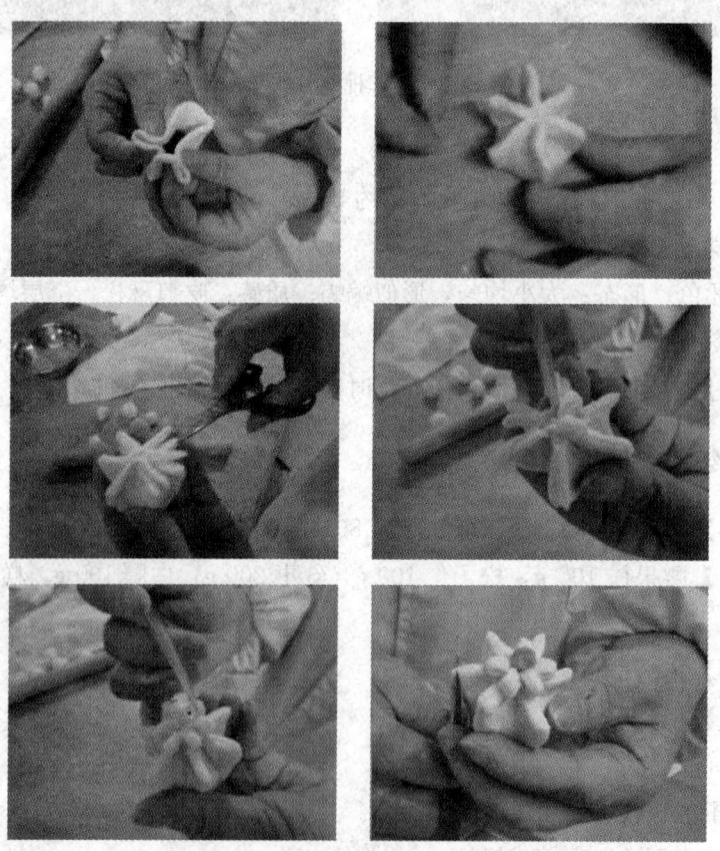

图 9—9 枣香水仙酥包捏成形

3. 成熟

放入 120℃ 的油内，用中小火炸制约 20 min。

4. 成品要求

色泽：象牙色；形态：大小均匀，形似水仙花；质感：吃口酥松，酥层均匀。

5. 制作要领

面团不宜过硬，油温要掌握恰当，起锅时油温可以稍高。

9.2.7 细沙梅花酥（见彩图 12）

【主坯原料】中筋面粉 120 g，低筋面粉 80 g，猪油 55 g。

【制馅原料】豆沙 100 g。

【辅助原料】蛋清适量。

【制作方法】

1. 皮坯制作

（1）调制面团

1) 调制水油面。将中筋面粉 120 g 与猪油 20 g 加温水调制成水油面，盖上湿布饧面。

2) 调制干油酥。将低筋面粉 80 g 与猪油 35 g 搓擦成油酥。

（2）擀制油酥面。将水油面和干油酥各摘成 6 个剂子，然后将水油面包干油酥，用手压扁；再用擀面杖擀成长方形的薄片，两边朝中间对折；再擀成长方形厚薄均匀的面片；再把面坯由外向里折成三层，用擀面杖再擀成小皮子，用剪刀修剪成圆形的皮子，坯重 25 g。

（3）包捏成形。制圆形的皮子，包入豆沙馅 15 g，包成五个角形，用剪刀在每个角上剪三刀，然后把剪过的第一刀面条再翻粘在中间，并用蛋清粘上，中间用其他颜色面团作装饰。每个角的第二刀和下一个角的第三刀面条两端捏在一起，用蛋清粘住。最后在每个角的边上再用剪刀剪一下，即成梅花酥，如图 9—10 所示。

2. 成熟

放入 120℃ 的油锅内，用中小火炸制约 20 min。

3. 成品要求

色泽：象牙色；形态：大小均匀，形似梅花；质感：吃口酥松，酥层均匀。

4. 制作要领

面团不宜过硬，油温要掌握恰当，起锅时油温可以稍高。

9.2.8 五仁盒子酥（见彩图 13）

【主坯原料】中筋面粉 180 g，低筋面粉 130 g，猪油 80 g。

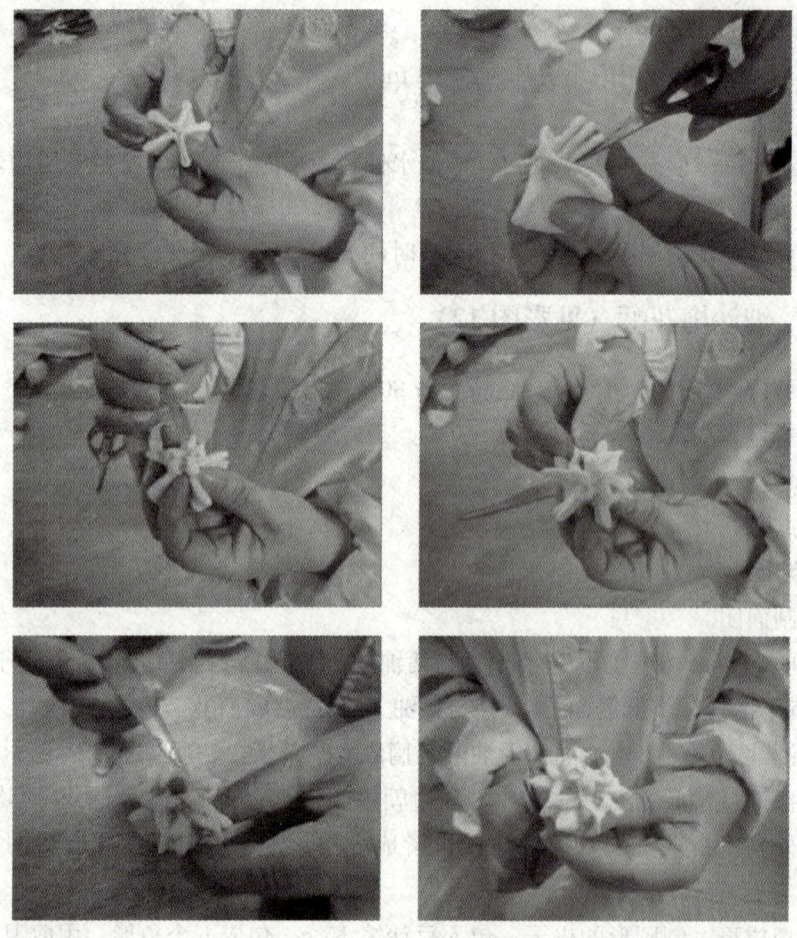

图9—10 细沙梅花酥包捏成形

【制馅原料】瓜子仁200 g,松子仁200 g,核桃仁200 g,杏仁200 g,白膘200 g,糕粉400 g,芝麻仁150 g,金橘150 g,绵白糖900 g,糖桂花少许。

【辅助原料】蛋清适量。

【制作方法】

1. 拌制馅心

(1) 将瓜子仁、松子仁、核桃仁、杏仁、芝麻仁用温油氽熟待用。

(2) 白膘切成丁,金橘切成末。杏仁切成粗粒。

(3) 将以上加工好的原料掺入绵白糖、糕粉、糖桂花,拌均匀即成五仁馅。

(4) 口味特点。香甜、营养丰富。

(5) 色泽。本色。

2. 皮坯制作

（1）调制面团

1）调制水油面。将中筋面粉180 g与猪油30 g加温水调制成水油面，盖上湿布饧面。

2）调制干油酥。将低筋面粉130 g与猪油50 g搓擦成油酥。

（2）擀制油酥面。将水油面包干油酥，然后用手压扁；再用擀面杖擀成长方形的薄片，两头朝中间对折，擀成长方形厚薄均匀的面片；再由外向里卷成圆筒形，用刀切成25 g重的圆酥面坯。

（3）包捏成形。将面坯用擀面杖擀成圆形的皮子，包入五仁馅15 g，四边沾上蛋清，上面再盖一张皮子，将两边合在一起，用手在边上捏卷成花纹，收口处沾上蛋清，即成盒子酥，如图9—11所示。

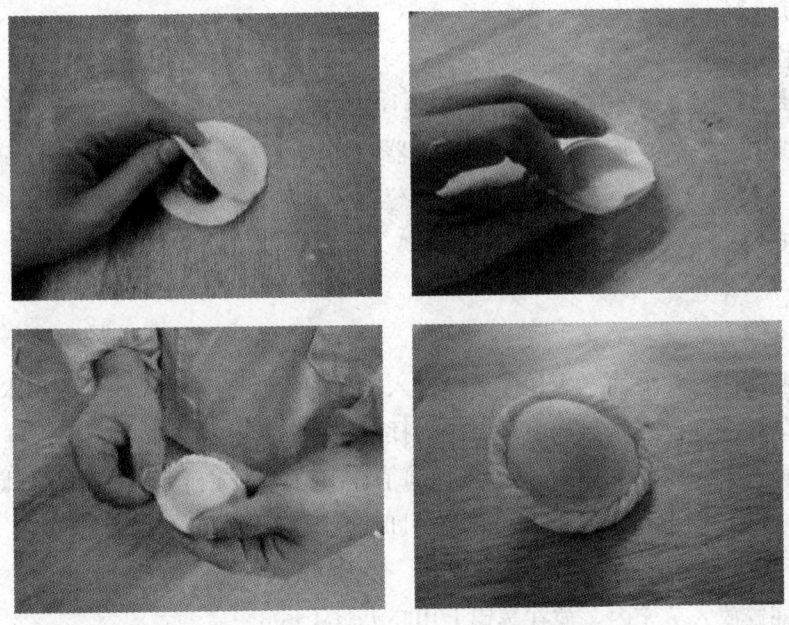

图9—11　五仁盒子酥包捏成形

3. 成熟

放入130℃的油锅内，用中小火炸制约20 min。

4. 成品要求

色泽：象牙色；形态：大小均匀，形似盒子；质感：吃口酥松，酥层均匀。

5. 制作要领

面团不宜过硬，擀酥皮时注意用力均匀。油温要掌握恰当，起锅时油温可以稍高。

9.3 澄粉、其他面团类

9.3.1 弯梳虾饺（见彩图 14）

【主坯原料】澄面 75 g，生粉 25 g，沸水 125 g，猪油 10 g。

【制馅原料】虾仁 100 g，笋粒 20 g，肥膘 20 g。

【调味原料】盐、糖、味精、胡椒粉、蛋清、生粉、麻油、葱花适量。

【制作方法】

1. 拌制馅心

(1) 将虾仁处理干净，笋、肥膘等切成小粒焯水待用。

(2) 把虾仁、笋粒、肥膘放入干净的盛器中，加入盐、糖、味精、胡椒粉、蛋清、生粉等调味料一起拌和均匀，最后加入麻油、葱花。

(3) 口味特点。咸鲜香、营养丰富。

(4) 色泽。本色。

2. 皮坯制作

(1) 调制面团。将澄面、生粉等原料放入干净的盛器中，加入现煮的沸水，用擀面杖迅速调和均匀，立即倒在干净的案板上用力揉透，加入猪油揉光面团，用保鲜膜包好。

(2) 包捏成形。将面团切成 12 g 重的剂子，用拍皮刀或擀面杖，擀压成圆形的皮子，包入虾仁馅 15 g，用手在边上捏卷成花纹，即成弯梳虾饺。

3. 成熟

包好的虾饺放入蒸笼内，放在蒸锅上用旺火蒸 4 min。

4. 成品要求

色泽：白色、透明；形态：大小均匀，形态美观；质感：吃口滑爽，馅心鲜嫩。

5. 制作要领

调制面团时水温要高，动作要迅速，皮子要擀薄，掌握蒸制时间。

9.3.2 奶黄甜椒（见彩图 15）

【主坯原料】澄面 100 g，生粉 17 g，糯米粉 17 g，吉士粉 17 g，糖 25 g，熟猪油 25 g。

【制馅原料】鸡蛋 250 g，黄油 125 g，全脂奶粉 225 g，糖粉 200 g，吉士粉 100 g，澄粉 125 g，水约 500 g。

【制作方法】

1. **奶黄馅制作**

（1）将鸡蛋、黄油、全脂奶粉、糖粉、吉士粉、澄粉、水等原料放入盛器中，调成糊状。

（2）上笼蒸 10 min 后用蛋甩帚拌匀，继续蒸 10 min 再用蛋甩帚拌匀，继续再蒸 20 min 后取出，用蛋甩帚趁热调拌均匀。

（3）口味特点。香甜，营养丰富。

（4）色泽。黄色。

2. **皮坯制作**

（1）调制面团。将澄面、糯米粉、吉士粉、糖等原料放入干净的盛器中，加入现煮的沸水调和成团，倒入案板上加入生粉一起揉透，然后加入猪油揉光面团，用保鲜膜包好。

（2）包捏成形。将面团切成 15 g 重的剂子，用手捏成窝形的皮子，包入奶黄馅 10 g，用手搓捏成甜椒状，即成奶黄甜椒，如图 9—12 所示。

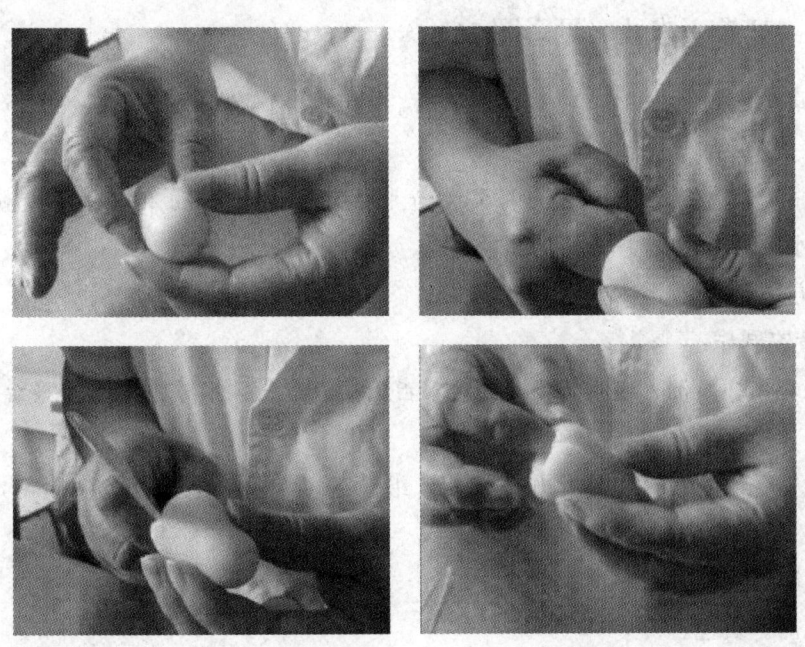

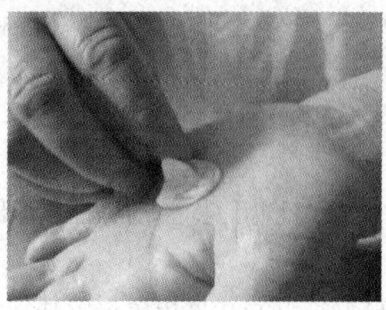 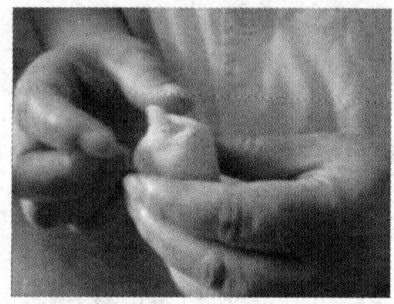

图 9—12 奶黄甜椒包捏成形

3. 成熟

包好的奶黄甜椒放入蒸笼内,放在蒸锅上用旺火蒸 5 min。

4. 成品要求

色泽:黄色、半透明;形态:大小均匀,形态美观;质感:吃口滑爽,馅心香甜。

5. 制作要领

调制面团时水温要高,动作要迅速。掌握蒸制时间。

9.3.3 奶黄玉米饺(见彩图16)

【主坯原料】澄面 100 g,生粉 17 g,糯米粉 17 g,吉士粉 17 g,糖 25 g,熟猪油 25 g。

【制馅原料】鸡蛋 250 g,黄油 125 g,全脂奶粉 225 g,糖粉 200 g,吉士粉 100 g,澄粉 125 g,水约 500 g。

【制作方法】

1. 奶黄馅制作

(1) 将鸡蛋、黄油、全脂奶粉、糖粉、吉士粉、澄粉、水等原料放入盛器中,调成糊状。

(2) 上笼蒸 10 min 后用蛋甩帚拌匀,继续蒸 10 min 再用蛋甩帚拌匀,继续再蒸 20 min 后取出,用蛋甩帚趁热调拌均匀。

(3) 口味特点。香甜,营养丰富。

(4) 色泽。黄色。

2. 皮坯制作

(1) 调制面团。将澄面、糯米粉、吉士粉、糖等原料放入干净的盛器中,加入现煮的沸水调和成团,倒入案板上加入生粉一起揉透,然后加入猪油揉光面团,用保鲜膜包好。

(2) 包捏成形。将面团切成 15 g 重的剂子,用手捏成窝形的皮子,包入奶黄馅 10 g,用手搓捏成玉米状,即成奶黄玉米饺,如图 9—13 所示。

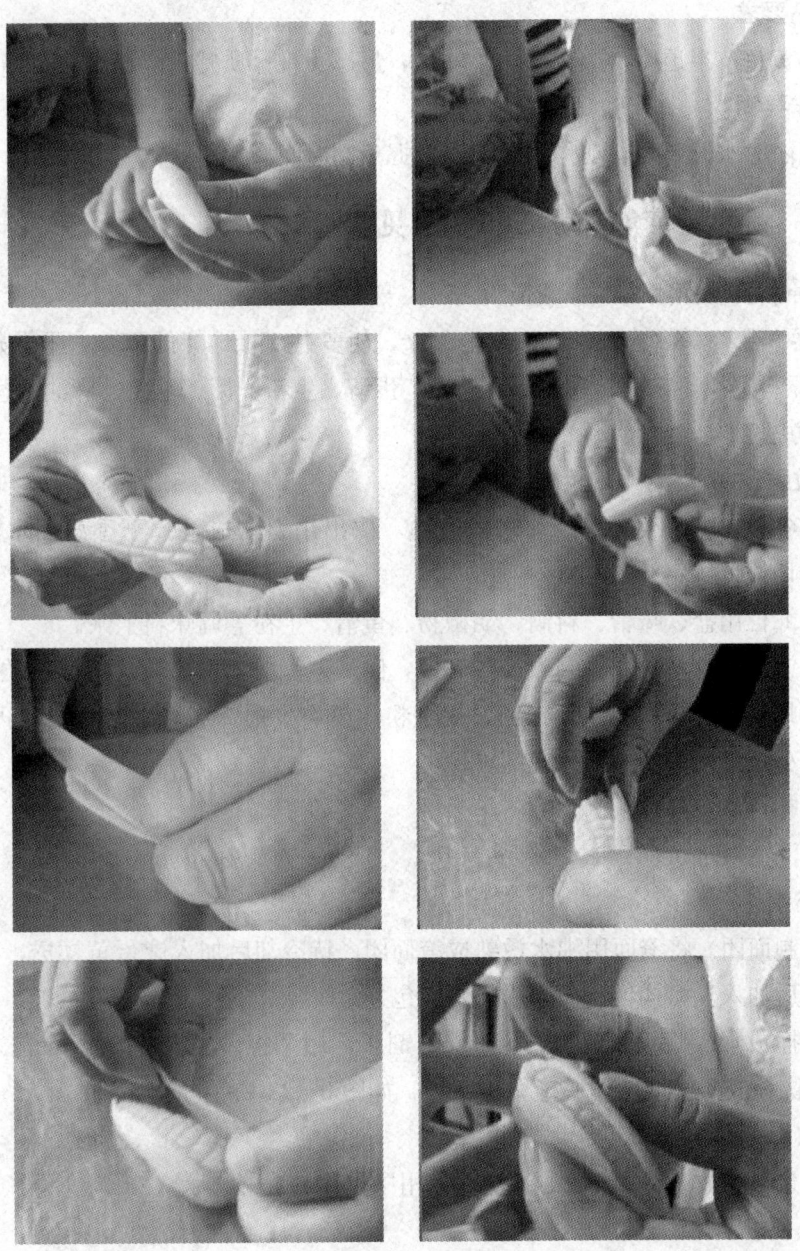

图 9—13　奶黄玉米饺包捏成形

3. 成熟

包好的奶黄玉米饺放入蒸笼内,放在蒸锅上用旺火蒸 5 min。

4. 成品要求

色泽：黄色、半透明；形态：大小均匀,形态美观；质感：吃口滑爽,馅心香甜。

5. 制作要领

调制面团时水温要高,动作要迅速。掌握蒸制时间。

9.3.4 蜂巢蛋黄角（幼粒熟馅）（见彩图 17）

【主坯原料】澄面团 75 g,咸蛋黄 15 g,熟猪油 15 g,臭粉少许。
【制馅原料】冬笋(净) 25 g,肉糜 25 g,胡萝卜 25 g,虾仁 25 g,干香菇 25 g。
【调味原料】盐、味精、料酒、胡椒粉、蛋清、生粉、糖、生抽、麻油、葱花适量。
【制作方法】

1. 幼粒熟馅制作

(1) 将冬笋去壳,放入锅内加水煮烧熟,取出用刀切成粒。干香菇用水浸泡后切成粒。胡萝卜切成粒待用。

(2) 将虾仁用盐、味精、料酒、胡椒粉、蛋清、生粉等调味料上浆。

(3) 炒锅内放少量的油,倒入肉糜煸炒,倒入冬笋粒、香菇粒、胡萝卜粒煸炒,再倒入划炒过的虾仁,加入料酒、盐、糖、胡椒粉、少许生抽、水等一起煸炒,再加入味精,用湿淀粉勾芡,淋入麻油撒上葱花即可。

(4) 口味特点。鲜香咸。

(5) 色泽。淡金黄色。

2. 皮坯制作

(1) 调制面团。将澄面用沸水烫熟成澄面团,待冷却后加入咸蛋黄揉透,再逐渐加入熟猪油,最后加入臭粉揉匀。面团用保鲜膜包好。

(2) 包捏成形。将面团切成 25 g 重的剂子,用手捏成窝形的皮子,包入幼粒熟馅 10 g,用手搓捏成橄榄形,即成蜂巢蛋黄角,如图 9—14 所示。

3. 成熟

包好的蛋黄角放入约 160℃ 的油锅内,用中火炸制成蜂巢状。

4. 成品要求

色泽：金黄色；形态：大小均匀,形态美观；质感：吃口松脆,馅心香鲜。

5. 制作要领

掺入面团的猪油要逐渐加入。掌握好油温的高低、炸制时间。

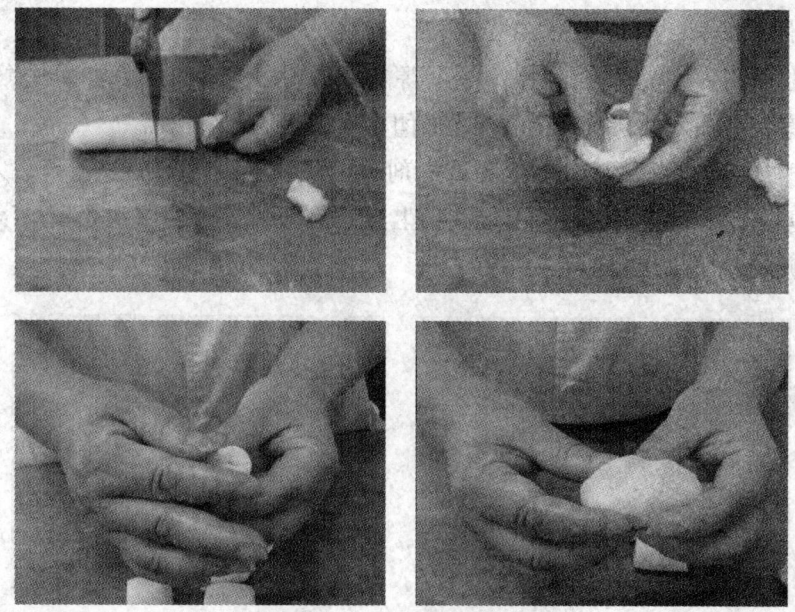

图9—14 蜂巢蛋黄角包捏成形

9.3.5 薯香咖喱鸡（咖喱肉馅）（见彩图18）

【主坯原料】土豆粉50 g，澄面30 g，咖喱粉、盐、熟猪油少许。

【制馅原料】冬笋（净）25 g，肉糜25 g，胡萝卜25 g，虾仁25 g，干香菇25 g，咖喱粉少许。

【调味原料】盐、味精、料酒、胡椒粉、蛋清、生粉、糖、麻油、葱花、黑芝麻、面包糠适量。

【制作方法】

1. 咖喱肉馅制作

（1）将冬笋去壳，放入锅内加水煮烧熟，取出用刀切成粒。干香菇用水浸泡后切成粒。胡萝卜切成粒待用。

（2）将虾仁用盐、味精、料酒、胡椒粉、蛋清、生粉等调味料上浆。

（3）炒锅内放少量的油，倒入肉糜煸炒，倒入冬笋粒、香菇粒、胡萝卜粒煸炒，再倒入划炒过的虾仁，加入料酒、盐、糖、咖喱粉、水等一起煸炒，再加入味精，用湿淀粉勾芡，淋入麻油撒上葱花即可。

（4）口味特点。鲜香咸。

（5）色泽。黄色。

2. 皮坯制作

（1）调制面团。将土豆粉、澄面、盐等原料放入干净的盛器中，加入现煮的沸水调和成团，倒入案板上加入咖喱粉、猪油揉光面团。面团用保鲜膜包好。

（2）包捏成形。将面团切成25 g重的剂子，用手捏成窝形的皮子，包入咖喱肉馅15 g，用手搓捏成小鸡形状，眼睛用蛋液粘上黑芝麻，成品外面沾上蛋清，滚上面包糠，即成薯香咖喱鸡，如图9—15所示。

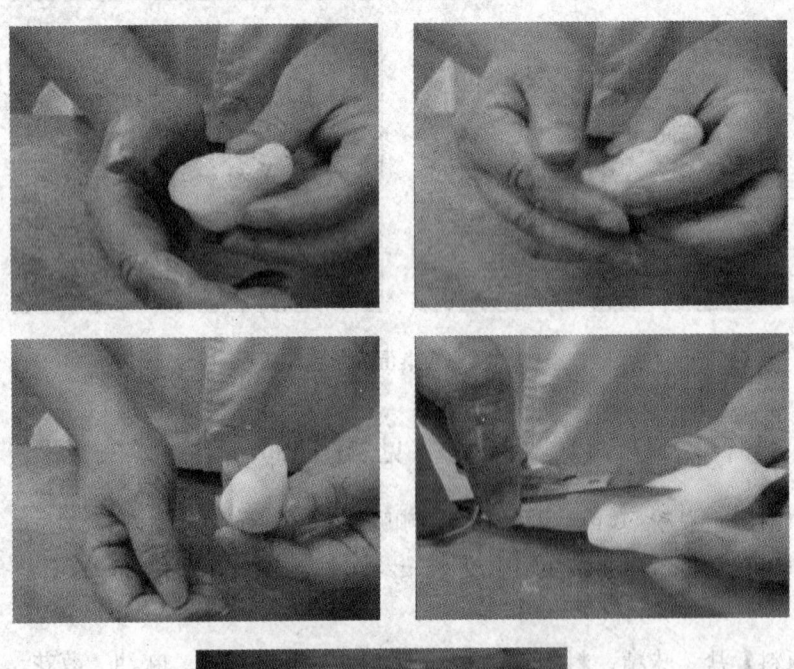

图9—15 薯香咖喱鸡包捏成形

3. 成熟

包好的薯香咖喱鸡放入约120℃的油锅内，用中小火炸制约20 min。

4. 成品要求

色泽：金黄色；形态：大小均匀，形态逼真；质感：吃口松脆，馅心鲜香。

5. 制作要领

调制面团时水温要高,动作要迅速。掌握炸制温度。

9.3.6 像形香菱果(幼粒熟馅)

【主坯原料】土豆粉 50 g,澄面 30 g,咖喱粉、盐和熟猪油少许。

【制馅原料】冬笋(净)25 g,肉糜 25 g,胡萝卜 25 g,虾仁 25 g,干香菇 25 g。

【调味原料】盐、味精、料酒、胡椒粉、蛋清、生粉、糖、生抽、麻油、葱花、面包糠适量。

【制作方法】

1. 幼粒熟馅制作

(1)将冬笋去壳,放入锅内加水煮烧熟,取出用刀切成粒。干香菇用水浸泡后切成粒。胡萝卜切成粒待用。

(2)将虾仁用盐、味精、料酒、胡椒粉、蛋清、生粉等调味料上浆。

(3)炒锅内放少量的油,倒入肉糜煸炒,倒入冬笋粒、香菇粒、胡萝卜粒煸炒,再倒入划炒过的虾仁,加入料酒、盐、糖、胡椒粉、少许生抽、水等一起煸炒,再加入味精,用湿淀粉勾芡,淋入麻油撒上葱花即可。

(4)口味特点。鲜香咸。

(5)色泽。淡金黄色。

2. 皮坯制作

(1)调制面团。将土豆粉、澄面、盐等原料放入干净的盛器中,加入现煮的沸水调和成团,倒入案板上加咖喱粉、猪油揉光面团。面团用保鲜膜包好。

(2)包捏成形。将面团切成 25 g 重的剂子,用手捏成窝形的皮子,包入幼粒熟馅 15 g,用手搓捏成老菱形状,成品外面沾上蛋清,滚上面包糠,即成像形香菱果,如图 9—16 所示。

3. 成熟

包好的像形香菱果放入约 120℃ 的油锅内,用中小火炸制约 20 min。

4. 成品要求

色泽:金黄色;形态:大小均匀,形态逼真;质感:吃口松脆,馅心鲜香。

5. 制作要领

调制面团时水温要高,动作要迅速。掌握炸制温度。

9.3.7 玉米窝窝头

【主坯原料】玉米粉 150 g,糯米粉 100 g。

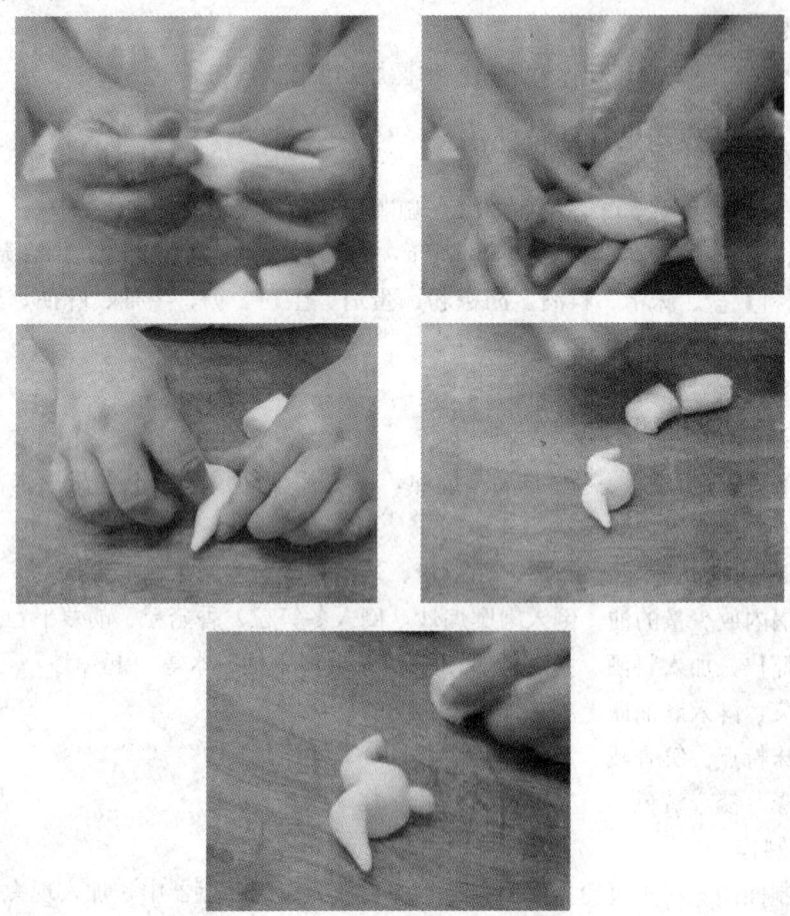

图9—16 像形香菱果包捏成形

【辅助原料】全脂奶粉 50 g，糖粉 50 g，猪油 25 g。

【制作方法】

1. 调制面团

将玉米粉、糯米粉围成窝状，加入全脂奶粉、糖粉，加温水用手调拌粉团，调成"雪花状"，再加入猪油，揉成软硬适中的面团。

2. 制坯、成形

将面团摘成 25 g 重的面坯，用手捏成圆锥形的玉米窝窝头。

3. 成熟

将成形的玉米窝窝头放入蒸笼内，放在蒸锅上用旺火蒸 5 min。

4. 成品要求

色泽：黄色有光泽；形态：大小一致，美观；质感：皮坯松软，口味香甜。

5. 制作要领

造型要注意美观，成熟时掌握火候的大小。

9.3.8 蟹粉肉汤团

【主坯原料】糯米粉 150 g。

【制馅原料】夹心肉糜 100 g，蟹肉 25 g，猪油、葱姜末、蟹黄少许。

【调味原料】盐 2 g，糖 2 g，味精 2 g，料酒、胡椒粉、葱姜汁、麻油、香醋适量。

【制作方法】

1. 调制馅心

(1) 拌制鲜肉馅。将夹心肉糜放入盛器内，先加入盐、料酒、胡椒粉按一个方向搅拌，然后，逐渐掺入葱姜汁和水搅拌，再加入糖和味精，待肉糜拌上劲淋入麻油。

(2) 炒制蟹粉。干净炒锅内放入少许猪油，加入葱姜末、蟹黄煸香后，再把蟹肉倒入锅内煸炒，加入一点香醋去腥味，收干水分即成。

(3) 将冷却后的蟹粉和拌好味的鲜肉馅拌和在一起，即成蟹黄鲜肉馅。

(4) 口味特点。咸鲜味，味浓香鲜。

(5) 色泽。本色。

2. 皮坯制作

(1) 调制面团。将糯米粉围成窝状，加入温水，用手调拌粉团，调成"雪花状"，再加入少许水，揉成软硬适中的面团。

(2) 制皮、包捏成形。将面团摘成 25 g 重的面坯，手捏成圆形的皮，包入蟹黄鲜肉馅 20 g，捏成皱形的花纹，即成蟹粉肉汤团。

3. 成熟

包好的蟹黄肉汤团放入沸水锅中煮熟。

4. 成品要求

色泽：洁白有光泽；形态：大小一致，花纹美观；质感：皮坯松软，馅心咸鲜味，味浓香鲜。

5. 制作要领

馅心拌制时不能有腥味，成熟时掌握火候的大小。

思 考 题

1. 制虾饺皮坯，在调制面团时为何要加生粉？

2. 炸制蜂巢蛋黄角，为什么油温要偏高一些？
3. 薯香咖喱鸡皮坯属于什么面团类？
4. 炒制蟹粉要掌握哪些关键点？
5. 制作玉米窝窝头时，面团中为什么要加入糯米粉？
6. 像形香菱果的皮坯是用什么原料制作的？
7. 炸制细沙梅花酥的油温和炸盒子酥的油温为什么要不一样？
8. 鱼香茄子包的馅心口味特点是什么？

第 10 单元

中式烹调知识

10.1　主要地方菜系　　　／126
10.2　主要原料　　　　　／130
10.3　刀工与配菜技术　　／141
10.4　调味　　　　　　　／147
10.5　烹调方法　　　　　／149

10.1　主要地方菜系

　　我国烹调技艺的发展集中表现在两个方面：一方面是烹调方法的日益丰富完善，另一方面是地方菜系的逐步形成。这两点相辅相成、互为因果。地方菜系在其形成的过程中使烹调方法不断丰富完善，而烹调方法的丰富完善又促进了地方菜系的形成。

　　地方菜系是在地方菜的基础上发展形成的，但地方菜的总和并不就是地方菜系。因为地方菜和地方菜系之间的差别，不仅表现在量的方面，更主要的还表现在质的方面。地方菜发展成地方菜系的过程，固然是一个菜肴品种从少到多，从分散到集中的量的扩展过程。而更重要的，又是一个烹调技艺从粗到精，从零碎到系统的质的提高过程。所以可以说，地方菜系是原料的选择和加工有特殊的规格要求，烹调技艺形成独特的流派和完整的系统，菜系风格富有某一地区浓厚的地方特色的菜肴体系。当使用地方菜和地方菜系这两个概念时，前者是指某一个或者一类地方菜，而后者则指某一种地方菜的整个体系。

　　我国是历史悠久、幅员广大的多民族国家。由于气候、物产和风俗的差异，各地区人民的饮食习惯和口味爱好亦有很大程度的不同，这是形成许多具有特殊地方风味的地方菜系的根本原因。经不完全的收集与整理，目前我国较有特色的地方菜系就有川、鲁、粤、苏、京等十几个。这些多姿多彩、风味独特的地方菜系荟萃了我国烹调技术的精华，构成了色香味俱佳的中国烹调技艺的核心。

　　各个地方菜系中的许多菜肴都具有显著特色，有的烹调方法别致，有的风格独特，有的乡土风味浓厚。如家常豆腐、回锅肉、鱼香肉丝等，四川风味浓厚。还有许多地方菜肴是经过历代名厨传承至今的，如安徽的腌鲜鳜鱼、福建的佛跳墙、广东的脆皮鸡、四川的宫保鸡丁和麻婆豆腐、浙江的叫花鸡、江苏的扒烧整猪头等，都是具有悠久历史的地方菜。地方菜系中的不少名菜不但闻名全国，而且在国际上也有很高的声誉，如广东的烤乳猪、干煎大虾碌、盐焗鸡、脆皮鸡，四川的香酥鸭、灯影牛肉、小煎鸡米，山东的奶汤鸡脯、锅烧肘子，江苏的鸡包鱼翅、煮干丝、清炖蟹粉狮子头，湖南的口蘑汤泡肚、五香牛肉丝等，举不胜举。

　　由于我国地方菜系很多，不能一一加以介绍。本章选择特色显著，具有较广泛代表性的地方菜系以及少数民族菜、素菜进行概要的介绍，并分别列举有代表性的菜肴说明。

10.1.1　四川菜系

四川菜系简称"川菜",以成都、重庆两地的菜肴为代表,还包括乐山、江津、自贡、合川等地的地方菜。四川菜历史悠久,风味特殊,口味多样,在中国菜中有很高的声誉。菜肴常用的原料除鸡、鸭及肉类、蔬菜外,山珍野味亦颇多,但水产较少。

四川菜系的最大特点是十分注重调味,调味品既复杂多样,又富有特色。一般多用辣椒、花椒、胡椒、香醋、豆瓣酱等。不少调味品都是当地有名的土特产,如保宁的醋、郫县的豆瓣酱、茂汶的花椒、涪陵的榨菜、资中的冬菜等。这些复杂多样的调味品经过厨师的巧妙调和,可以形成千变万化的口味,如酸辣、麻辣、椒麻、怪味等。口味种类之多,使四川菜享有"一菜一格、百菜百味"的声誉。

四川菜烹调方法也颇具特色,擅长小煎、小炒、干烧、干煸。四川菜系中名菜很多,有樟茶鸭子、香酥鸭、干烧明虾、怪味鸡、回锅肉、麻婆豆腐、鱼香肉丝、宫保鸡丁、干煸牛肉丝等。

10.1.2　广东菜系

广东菜系亦称"粤菜"。由广州、潮州、东江等地方菜发展而成,广州菜为其主要代表。广东位于我国南部沿海,处于亚热带季风气候,四季常青,江河纵横,物产众多,为菜肴的制作提供了丰富的原料。

广东菜在国内外久负盛名,主要特点是选料精细,花色繁多,新颖奇异。它取料之广泛,为全国其他任何地方菜系所不及。在动物性原料方面,除了用鸡、鸭、鱼、虾以外,还善于用野生动物制成佳肴。早在南宋时,就有广东"不问鸟兽蛇虫,无不食之"的说法。

广东平均气温较高,而在炎热的气候条件下,人们一般喜爱清淡的口味,因此,广东菜口味以清淡、生脆、爽口为主。广东菜还特别注重色、香、味、形俱佳,尤其讲究形态美观,故花色菜较多。此外,由于广州是我国南方主要通商口岸,与海外人士交往较多,厨师在烹调技术上吸取了许多西式菜的特长,使一些广东菜肴带有西菜的特点。

广东菜中突出的烹调方法有煎、炒、焖、扒、炸、焗、烩、炖等十几种。著名的菜肴有脆皮鸡、烤乳猪、盐焗鸡、蚝油牛肉、冬瓜盅等。

10.1.3　北京菜系

北京是我国的首都,也是我国历史上著名古都之一,很早就是国家的政治、文化中心。北京的这一特殊地位,为北京菜系的形成和发展创造了有利条件。北京菜系具有综合汉、满、蒙、回等民族的烹饪经验，吸取全国地方风味尤其是山东风味的优点，还继承了明、清两代宫廷菜肴的精华。

京菜取材广泛，花色繁多，调味精美，口味以脆、酥、香、鲜为特色。由于满、蒙、回等少数民族部分人口长期在北京定居，因此北京菜系擅长烹制羊肉菜肴，烤羊肉、涮羊肉均为著名的本地风味。在本地风味中，以猪肉为主料，采用白煮、烧、燎的方法制作的菜肴，也别具一格。京菜的另一特点是吸取了山东风味的优点并在烹调方法、口味特点等方面加以适当的变化，具有自己特色。

北京菜中比较突出的烹调方法有炸、熘、爆、炒、烤、烧、扒等。著名的菜肴有熘鸡脯、烤鸭、油爆双脆、糟熘鱼片、酱爆鸡丁、醋椒鱼、拔丝山药等。

10.1.4　江苏菜系

江苏菜系是由扬州、南京、苏州三地的地方菜发展而成。其中淮扬菜亦称扬州菜，是指扬州、镇江、淮安一代的菜肴；南京菜又称京苏菜，是指南京一带的菜肴；苏州菜是指苏州与无锡一带的菜肴。

江苏省是全国闻名的鱼米之乡，物产富饶。境内河流纵横，大小湖泊星罗棋布，著名的湖泊就有太湖、阳澄湖、洪泽湖，盛产虾、蟹、鱼、菱、藕等。

江苏菜总的特点就是选料严谨，制作精致，注意配色，讲究造型，菜肴四季有别。烹调方法擅长炖、焖、烧、炒，又重视调汤，保持原汁，风味清鲜，肥而不腻，淡而不薄，酥烂脱骨而不失其形，滑嫩爽脆而不失其味。

江苏菜中的淮扬菜，因为它形成较早，与川、鲁、粤菜同被誉为四大风味，在国内有很高的声誉。扬州在历史上一直是商业经济中心之一，地处运河与长江的会合处，是当时南北交通的要道。在繁华的都市里，烹调技艺也相应得到发展，逐步形成了独特风格。淮扬菜具有选料严格、制作精细的特点，烹调方法注重于炖、焖、煮、烧等，注重用原汤原汁。菜肴口味清淡适口，甜咸适中，适应性强，南北皆宜。著名的有煮干丝、清炖蟹粉狮子头、双皮刀鱼、拆烩大头鱼、野鸭菜饭、水晶肴蹄、百花酒焖肉、银芽鸡丝、清蒸鲥鱼等。

10.1.5　浙江菜系

浙江菜系主要由杭州、宁波、绍兴等地的地方菜发展而成。其中最负盛名的是杭州菜。

杭州位于杭州湾内，是钱塘江的入海口。其地气候温和，物产丰富，江河湖泊之中，盛产淡水鱼虾，并有西湖莼菜、豆腐衣等特产。杭州又是我国著名的风景胜地，湖山清秀，山光水色，雅淡宜人。杭州菜也恰如其景，具有清鲜、细嫩、制作精细的特点。如西湖醋鱼就是用湖中捕获的草鱼活杀烹制而成，鱼肉鲜美嫩滑，清爽不腻，色泽光润鲜艳。杭州菜擅长的烹调方法有爆、炒、烩、炸、烤、焖等。著名的菜肴有生爆鳝片、叫花鸡、龙井虾仁、干炸响铃、东坡焖肉等。

10.1.6 上海菜

上海菜是近年兴起的地方菜。上海菜口味浓厚，注意形状。在烹调技艺上以江、浙为主，又略与广东菜相似。口味稍甜。用料多是猪、牛、禽、水产、干货。方法上擅用红烧、煨、糟、炸、蒸等。代表菜肴有红烧圈子、肉丝黄豆汤、双味鳜鱼、走油蹄髈、醉蟹、醉虾、八宝鸡、桂花肉、扣三丝、八宝辣酱、虾子大乌参等。

10.1.7 素菜

素菜起源于寺院，以后才逐渐发展到民间，饮食业也有了独立的素菜馆。现在，素菜已成为人们普遍喜爱的菜肴。

素菜原料除时令蔬菜外，多用豆制品和三菇六耳（三菇：香菌、蘑菇、草菇；六耳：石耳、黄耳、桂花耳、白背耳、银耳、榆耳），按照传统习惯，忌用除牛奶、蛋以外的动物性原料，包括蔬菜中的韭菜、蒜、葱。海产品中的紫菜、海带、苔条则均属素菜原料。

素菜的烹调方法与荤菜类似，不少菜肴的名称和色泽形态模仿荤菜，经过精工细作，往往惟妙惟肖。目前素菜的品种约有几百种，大多数是用豆制品、蔬菜等原料制成的"荤菜"，如"油爆虾""炒虾仁""炒蟹粉""八宝鸭""八宝鸡"等。素菜还可以配制成规格较高的全素筵席。冷菜中有蝴蝶、花篮、凤凰、孔雀等花色冷盘，热炒菜中亦是以花色菜为主。

10.1.8 少数民族菜

我国是一个多民族的国家，除汉族外，还有五十多个少数民族。少数民族的风俗和生活饮食习惯与汉族有很大的不同，因此，少数民族菜肴在内容和烹制方法上就有许多特殊的地方。这里选择回民菜、朝鲜族菜、维吾尔族菜作简要介绍。

1. 回民菜

回民菜又称"清真菜"。我国的大、中城市均设有回民菜馆。回民菜馆又有南北之分，选料除鸡、鸭外，北方的以羊肉为主，南方的以牛肉为主。

回民的饮食习惯忌外荤（即不吃猪肉），还忌血生，即在宰杀家禽时要放尽余血，否则不食。野禽大部分为枪弹所击毙，血染未出，因此，在回民菜中亦忌用野鸭、山鸡等原料。

水产品中忌用无鳞或无鳃的鱼、带壳的软体动物及蟹等。羊肉选用绵羊，不用山羊。这些都是回民的风俗习惯。

回民菜对羊肉的烹制很有研究，能制成"全羊席"。烹调方法与京菜相似，以熘、爆见长，口味清鲜脆嫩。著名的菜肴有涮羊肉、酱爆肉丁、水爆肚仁、炸羊尾等。

2. 朝鲜族菜

朝鲜族菜具有浓厚的民族特色，在烹制方法和调味品使用上别具一格。菜肴口味辛辣鲜香，脆嫩爽口。菜肴原料以牛肉、鸡、鱼、蛋为主。调味品中常用辣椒，此外用芝麻油、醋、胡椒粉也较多。烹制方法以炒、烤、煎、焖、生拌、炸为主。烤牛肉、煎肉饼、蒸笋带等都是著名的朝鲜族菜。

3. 维吾尔族菜

维吾尔族主要分布在新疆维吾尔自治区。饮食特点是以面食和纯肉类小吃为主，擅长于烤、煮、蒸、焖等烹调方法。羊肉的烹制方法尤具民族特点，如烤采用特定的设备，为馕坑或火槽。用馕坑烤的品种有烤疙瘩羊肉、烤全羊等，用火槽烤的品种有羊肉串、羊肉丸子等。抓饭、羊羹肉等都是维吾尔族所喜爱的菜肴，并在婚丧喜庆、逢年过节用来招待客人。

10.2 主要原料

10.2.1 蔬菜

1. 蔬菜简介

我国栽培的蔬菜约有数百种，其中栽培较普遍的约有60多种。按照蔬菜的构造和可食部位可分为叶菜类、茎菜类、根菜类、果菜类、花菜类和食用菌类。

（1）叶菜类。以肥嫩菜叶及叶柄作为食用的蔬菜属于叶菜类。叶菜类富含维生素和矿物质，大多数生长期短适应性强，一年四季都有供应。常见的叶菜有小白菜、菠菜、苋菜、荠菜、瓢儿菜、结球叶菜、大白菜、苤蓝、大葱、青蒜、芹菜、香菜、茴香菜、豌豆苗等。

（2）茎菜类。茎菜是以肥大的变态茎作为食用的蔬菜，其中大部分富含糖类（主要是淀粉）和蛋白质。这类菜含水分较少，适于储藏。但其中不少茎菜具有繁殖能力，所以在保管不当时，常有发芽情况，须加以防止。

常见的茎菜类又有两大类：一是可食部位为地上茎，如莴笋、紫菜苔等；二是可食部分为地下茎，如土豆、芋头等。各种变态茎按其形态又可分根茎、球茎、鳞茎、嫩茎等。根茎有藕、姜等；球茎有慈姑、荸荠等；鳞茎有大蒜、洋葱、百合等；嫩茎有竹笋、茭白等。

(3) 根菜类。根菜类是以变态的肥大根部作为食用的蔬菜，均富含糖类，比较适于储藏。在秋、冬季节，根菜类的蔬菜大量上市，既可供鲜食，又可脆制咸菜和酱菜。最常见的根菜有萝卜、胡萝卜、蔓菁、山药等。

(4) 果菜类。果菜类是以果实和种子作为食用的蔬菜。按照果菜的特点，又可分为茄果、瓜类和菜果三大类。

1) 茄果。茄果包括番茄、茄子、辣椒等。

2) 瓜类。瓜类包括黄瓜、北瓜、南瓜、冬瓜、丝瓜、菜瓜、葫芦等。

3) 菜果。菜果包括毛豆（大豆菜）、四季豆、扁豆、豇豆、嫩蚕豆、嫩豌豆。它们大分部含有丰富的蛋白质和淀粉。

(5) 花菜类。花菜类是以菜的花部器作为食用的蔬菜。种类不多，常见的有黄花菜（金针菜）、花椰菜、韭菜花等。花菜类特别鲜嫩，其中的黄花菜大数制成干菜和食用。

(6) 食用菌类。食用菌类是以无毒菌类的子实体作为食用的蔬菜，如蘑菇、黑木耳、白木耳（银耳）等，多为干制品。

2. 常见的蔬菜

(1) 大白菜（别名黄芽菜、牙菜、菘菜、结球白菜）。大白菜是我国的原产和特产蔬菜，全国各地均普遍栽培，以华北地区为主要产区。每年都有大量大白菜自山东、河北运销各大城市。大白菜为高产蔬菜，一般亩产 7 500～15 000 kg，因此能以低廉的价格大量供应人们的食用。此外，大白菜营养比较丰富，柔嫩适口。大白菜便于储存，秋末冬初成熟后，储存起来，即作为冬、春季缺菜期的主要蔬菜。在北方，大白菜分早、中、晚熟三种。在天津一带，按耐热和抗寒等特性，又大白菜分为白麻叶和青麻叶。早熟种，从八月陆续上市，其中以白麻叶为主；中熟、晚熟品种，以青麻叶为主，耐储存。大白菜可用来炒、拌、扒、红烧、醋熘、腌、酱、涮等，还可做泡菜、馅心，做荤菜的配头，还可以晒制成干菜。

(2) 小白菜。小白菜原产我国，栽培比较普遍，其特点是生长期短，适应性强，质脆嫩，是一种大众化的蔬菜。由于小白菜成熟期短，故在春秋季节蔬菜缺乏时多种此菜，以解决市场供应不足的问题。小白菜可用来炒、醋熘、凉拌、做汤及做馅。

(3) 甘蓝（别名洋白菜、圆白菜、包心菜）。甘蓝原产于欧洲，后传入我国。它具有营养价值高、适应能力强、抗寒耐碱、栽培简单、成本低、产量高等特点，因此全国各地已普遍栽培。其味甘美，为大众所喜爱。甘蓝营养丰富，所含维生素C和磷较多，含钙量比白菜多一倍，但粗纤维较多，较粗糙。甘蓝用来炒、醋熘、酸渍、腌、酱均可。在一般的面点中，也可以用它做馅心和荤菜的配料。

(4) 菠菜（别名赤根菜）。菠菜是从波斯一带引进的，我国唐朝时已有栽培，经多年的发展，现已遍及南北各地。菠菜叶嫩鲜美，红根可食，富含钙、铁、维生素A，有补血、助消化、通便的功能，适于胃弱、消化不良的病人食用。菠菜含有草酸，与钙结合既成为人体不能吸收的草酸钙。因此，食用菠菜要先进行过水处理。菠菜一般用来炒、做汤、芝麻酱拌、红烧、做馅，也做各种荤菜的配料。

(5) 芹菜。芹菜有水芹、旱芹等品种，我国南北方均有栽培。芹菜质脆嫩，营养丰富，含有较多的钙、铁，含粗纤维也较多，最适合于孕妇、乳母和缺乏铁质、贫血、便秘的人和肝脏病人食用。芹菜单独炒食、拌食均可，也可以腌制或做某些荤菜的配料。

(6) 苋菜。我国栽培苋菜历史悠久。苋菜的营养价值较高，含钙、铁较多，并且不含草酸，最适于贫血病人食用。苋菜的颜色有红、绿等种。苋菜的幼苗和嫩梗及叶均可供食用。

(7) 油菜。油菜是我国人民所喜爱的主要蔬菜之一。食用也比较广泛。品种有白帮油菜、青帮油菜、青白帮油菜等。油菜耐寒性强，对土质要求不严，栽培技术简单，成熟期较短。油菜质柔嫩，营养丰富，其所含钙、铁及维生素A原等比菠菜为多。油菜含的粗纤维也比较多。

(8) 空心菜。空心菜原产我国，以华中和华南栽培为最多。一般采嫩梢食用。

(9) 太古菜（别名塌菇菜、乌塔菜）。太古菜在我国南方栽培历史久远，北方也早就引种，有宽帮太古菜、凸帮太古菜之分。此菜塌地而生长，梗叶墨绿色，整棵呈圆盘状，是一种含钙、铁、维生素较高的绿叶菜。太古菜一般可用来红烧或炒食等，也可与荤菜原料一同烧制。

(10) 瓢儿菜（别名油塌菜、青菜、青梗菜、白梗菜）。瓢儿菜所含的各种维生素和矿物质低于油菜的含量。在我国栽培较少。

(11) 茴香菜。茴香菜有一种特殊的辛香味，我国南北各地均有栽培。梗叶细小，叶浓绿色，深裂为丝状。茴香菜含有大量的维生素A原和矿物质，适合于幼儿在生长期食用，具有代替鱼肝油和钙片的功能。茴香菜在北方主要用来和肉一起做饺子、包子或馅饼的馅料，也可将茴香菜切成寸段做炒肉丝的配料。

(12) 香菜（芫荽）。香菜具有特殊的芳香味，在我国各地均有栽培。梗叶是极佳的佐食调味品。香菜营养丰富，含多量的钙、铁、维生素A原。香菜可以凉拌，其梗可炒肉丝。香菜可做某些菜肴（如烤羊肉、爆羊肚等）的作料。

（13）苤蓝。苤蓝在华北一带栽培较多。叶似甘蓝，色浓绿，其茎肥大成球形，其嫩茎可供食用，炒、拌、炝、酱、等均可，也可作为荤菜的配料。

（14）莴苣（别名莴笋）。莴苣在我国栽培已久，其食用部分是肥大的地上茎，质脆嫩，水分大，味鲜美。品种有青莴苣、白莴苣之分。莴苣肉铁质的含量比较高，几乎与菠菜相同，适于糖尿病人食用。食用方法与黄瓜极相似，一般用于炒、凉拌、腌、晒干等，也可做荤菜的配料。

（15）生菜（别名叶用莴苣）。生菜富含钙、铁、维生素A原，品种有青口、白口、青白口、花叶等。广东地区常用生菜做汤、配菜和凉拌。

（16）蒲菜（别名香蒲、甘蒲等）。蒲菜生于水泽中，其叶鞘抱合而成的部分，名蒲菜；其匍匐地下茎先端的嫩尖，则名蒲尖。蒲菜（包括蒲尖）味淡薄面清鲜，多数人喜食。蒲菜含钙相当多，但它和茭白、菠菜一样，含有草酸。蒲菜可做荤菜、素菜的配料，也可做汤菜。

（17）茭白（别名菇笋、茭笋）。茭白原产我国江南各地，是一种比较珍贵的蔬菜。茭白洁白柔嫩，甘美适口，大多数人喜欢食用。茭白根部有白色匍匐地下茎，初夏和秋天自叶鞘所抱合的中心抽薹，即可供食部分，俗称茭白或茭笋，呈纺锤形。茭白所含的营养，如钙、铁、维生素等，都不如叶菜类的含量高。茭白含有草酸，致使钙质不易被人体吸收。茭白变老后，纤细变粗，因而营养价值变得相当低。茭白广泛地用于荤菜的配料，也可单独烧、炒、还可做馅心，如做蟹肉茭白烧卖、蟹肉茭白包子的馅心。

（18）花椰菜（别名花菜、菜花）。花椰菜系甘蓝的变种，其花蕾颜色发白，且有肉质。花椰菜的口味比较好，为广大人民所喜食。花椰菜营养丰富，含有多种维生素和矿物盐，维生素C的含量较多。含纤维少，质细软，比较容易消化。花椰菜以个体周正、花球坚实、颜色乳白、粒细、不带片黄或发乌、无虫咬为佳，烧、炒、泡、渍均可。

（19）金针菜（别名黄花菜、萱菜）。金针菜在我国南北各地均有栽培。鲜金针菜含有钙、铁、磷和维生素B，还含有较多的纤维。鲜金针菜质量要求为摘静、鲜嫩、不干、芯尚未开放、无杂物。鲜金针菜可做荤、素菜的配料，也可制汤，其干制品食用法与鲜菜相同。

（20）豌豆苗。豌豆各地均有栽培，主要食用其幼苗。豌豆苗富有蛋白质、钙、铁，铁的含量特别高。豌豆苗适宜做汤，如蛋皮豆苗汤、排骨豆苗汤等，也可做配菜，如炒鸡片、炒里脊丝，炒鱼片配以豆苗，味极鲜美。

（21）萝卜。萝卜在我国各地均有种植，由于其种植方法简单，产量高，成熟快，耐储藏，便于运输，故栽培量很大，在蔬菜市场供应中占很大比重。萝卜的种类很多，常见的有红水萝卜，白萝卜、青萝卜、旱萝卜、心里美、卞萝卜等。萝卜富含碳水化合物，多数品种味甘美，既可熟食，又可生食，维生素C和矿物质盐的含量也较其他一般蔬菜为高。萝卜缨的营养成分也很高，可与蔬菜比美。萝卜在我国种植历史悠久，遍及南北各地，其食用方法因地区不同、品种不同而异。鲜萝卜可用以红烧，烩、炒、做馅，还可以腌制、酱制、生食、干制等。萝卜缨可以炒、腌、生拌、做馅、干制等。

(22) 胡萝卜。胡萝卜病虫少，管理较粗放，耐运输和久储，在我国栽培甚为广泛。胡萝卜含有大量的糖分和胡萝卜素，在红黄两种胡萝卜中，黄的比红的营养价值高，含维生素A原尤为丰富。胡萝卜的食用方法因地而异，大致有炒、红烧、生食、做馅、腌制、做荤菜（包括西餐菜肴）的配料，也可晒成干制品。

(23) 葱。葱是重要的蔬菜之一，属于多年生草本植物，耐寒冷，四季均可种植，终年供应不断，茎叶都可食。因含有辛香味，可以解腥气和刺激食欲并有开胃消食的功能，是良好的调味品。它含有大量的维生素C，生食有驱寒、发汗、杀菌、通乳、利尿、治便秘等作用。

(24) 葱头（别名胡葱、洋葱）。皮色有红皮、黄皮和白皮之别，红皮产量较高，栽培较普遍。葱头以鳞片肥浮、抱合紧密、没糖心、不抽芽、不变色、不冻者为佳。主要供熟食，亦可生食。西餐菜肴中应用较多。

(25) 韭菜。韭菜在我国栽培历史较长，属鳞茎类植物，含辛辣气味，适应性强，耐寒性也极强。叶子分为叶鞘和叶片两部分，是主要食用部分，不培土的叶鞘是青色的，培土的叶鞘是乳白色的。韭菜可炒食、做馅、生吃，也可以做汤。韭菜抽出的嫩茎叶"韭菜苔"可炒食。韭菜花可做调味食用，或腌制。韭黄可做菜肴的鲜美配料。

(26) 大蒜。大蒜各地均有栽培。大蒜的蒜瓣、嫩茎、蒜薹可食用。大蒜除了调味外，还有杀菌作用，对肺结核、肠结核、肠炎、腹泻均有良好疗效。青蒜含有维生素C很多，能促进铁在体内的吸收，对贫血病人有疗效。大蒜头可供生食、做配料、腌酱及加工成蒜粉。青蒜、蒜薹主要都用做配料，后者也可酱制。

(27) 辣椒。辣椒全国各地均有栽培，以四川、湖南、湖北为最多。辣椒含有的辣椒素具有发汗、刺激兴奋、帮助消化、提进食欲等功效。辣椒富含维生素A原和维生素C，可做菜肴的配料，也可单独炒食，还可以晒干制成粉末，做调味品。

(28) 番茄（别名西红柿）。番茄适应性强，我国各地均有栽培。番茄生食、熟食皆可。它不但可做汤、做冷热菜，也可像水果那样生吃，还可以加工成番茄酱，番茄汁。它含有多种维生素和矿物盐。生吃番茄，维生素C完全不被破坏，营养价值更高，但食用时要注意清洁卫生。番茄的品质以形状周正、无虫咬、不油皮、不死青、色泽好的为佳。

(29) 茄子。茄子全国各地均有栽培，为夏秋季主要蔬菜。形状有圆、卵圆、线长等，皮色有紫色、黑紫、白色等。茄子可做烧、炒、炖菜和拌茄泥、做茄卤（以上荤素皆可），也可腌、酱、干制等，其营养价值不如绿叶菜类。

（30）四季豆（别名芸豆）。四季豆在我国各地均有栽培，含有丰富的维生素A原和钙，维生素B的含量与豇豆差不多。四季豆主要供熟食，可以炒食，也可以做菜肴配料，还可以腌制或干制，四季豆所含的钠不多，若用糖醋烹食，不但甜酸清脆，而且是忌盐患者的良好食品。

（31）豇豆（别名长豆角、豆角、腰豆）。豇豆在我国自古就有栽培，全国各地均有生产，是夏秋季主要蔬菜之一。维生素A原和钙含量较丰富。豇豆的嫩荚多用于炒食或煮熟凉拌，也可做配料或腌制等。

（32）黄瓜（别名胡瓜）。黄瓜南北各地均有栽培。一般是在早春播种，初夏采食，也有秋熟品种。利用温室进行栽培，能常年供应。黄瓜含有较丰富的维生素A原、维生素C以及矿物盐，生食、熟食均可。黄瓜主要用做菜肴的配料，也可凉拌、腌、酱、酸、泡等。

（33）冬瓜（又名白冬瓜）。冬瓜原产我国南部及印度，迄今我国南北各地均有栽培，以广东、台湾为最多。冬瓜适应性较强，食用范围广，味清淡，最宜于烧汤或烧食，也可做蜜饯。冬瓜有利尿止渴的功能，其皮、肉、籽皆可入药。老冬瓜能长期储存，因而在蔬菜供应中占有重要的地位。

（34）南瓜。南瓜原产印度，在我国栽培历史亦很悠久，为夏、秋、冬的主要蔬菜。它是瓜类中含维生素A原最丰富的一种，有明目和治喘病的效用。它含钠很低，具有甜味，是忌盐病人的良好蔬菜。南瓜可炒食，也可做馅包饺子。幼嫩南瓜蒸着吃味道鲜美，若与肉馅同蒸，其味更佳。

（35）西葫芦（别名荽瓜）。西葫芦原产北美，我国南北各地夏秋季重要蔬菜之一。京津一带爱用它做馅包饺子，亦可攘入肉内蒸或焖着吃。其食用方法同南瓜差不多。我国自古就有栽培，分布甚广，有长形及瓢形两种。一般把长形的称为"瓜子"，瓢形的称为"葫芦"。在嫩时采收可以炒食成或供制馅、做汤，味淡如冬瓜。老熟后外皮坚硬，不能吃，挖去瓜瓤以及种子，可做器皿用。

（36）丝瓜。丝瓜原产印度，元朝时传入我国，南北各地均有栽培。此瓜未成熟时柔嫩，可制作菜肴；成熟后，其丝瓜络可代海绵做洗浴擦及洗擦器皿用，或做药用。丝瓜所含铁质和维生素A原相当丰富。

（37）土豆（别名马铃薯、洋芋、山药蛋）。土豆原产南美，在我国栽培面积很广。土豆可代替粮食做主食，亦可烹调做副食用，还可混于面粉内做各种点心、糕点，或用做制造淀粉和酒精的工业原料。因此，土豆在食用或经济方面都具有很高的价值。土豆所含的各种维生素和矿物质不如绿叶菜类多，但含糖分多，糖尿病患者在定量膳食内不应随意食用。土豆可用来红烧、炒、炖或做各种荤菜的配料，还可腌、酱。发芽的土豆，龙葵素含量极高，有毒，不能食用。

（38）山药（别名薯竽、薯药）。山药原产亚热带，我国自古即有栽培，分布很广，以河南沁阳所产最多。山药易栽培，且耐运输及储存。其供食部分富含碳水化合物与蛋白质，除供给烹调佐食外，还可代替粮食，或用来制淀粉等，山药和土豆营养价值相同，烹调方法也大致相同。

（39）芋头（别名芋芳）。我国自古就有芋头的栽培，南北皆有，以珠江流域栽培最为普遍。芋头是一种大众化的食品，除用做蔬菜食用外，亦可兼做粮食及牲畜饲料，或用来制淀粉。芋头易栽培，产量高，其球茎部分可供食。芋头和土豆的营养价值大致相同，煮烂（或蒸熟）后去皮，撒上糖，或去皮用糖煮熟，可以代替米、面，做饭食。

（40）姜。我国自古就有姜的栽培，且分布较广。姜的使用范围很广，其根茎可生食、炒食、腌制、酱制、糖渍及做糕点食品的原料，且可做香料及调味品。姜在医学上用来制健胃剂及发汗剂，还可用以制作姜汁、姜酒、姜油。姜耐储存，便于远途运输。

（41）荸荠。荸荠在我国栽培较多，其球茎生食脆嫩而甘，含有一些维生素C。荸荠有化痰作用，又因其具有多量粗纤维，所以也是利便的佳品，但有胃肠病的老人和幼儿不宜多食。荸荠可生食、煮熟食，也可做荤菜、素菜肴的配料，还可制作淀粉。

（42）藕（别名莲藕）。藕在我国栽培已久，而且遍及南北各地，主要供食部分为地下茎。藕质脆嫩多汁，嫩的可生食，老的可炒熟或煮食，也可制成蜜饯，还可以腌、酱。莲花可供观赏，莲子为上等食品，莲叶、藕节、莲蓬均可入药。因此，藕为我国水生蔬菜作物经济价值最高的一种。藕是含糖量较多的蔬菜，每500 g藕约含100 g糖。

10.2.2 豆类及豆制品

豆类及豆制品虽不属于蔬菜，但其在餐饮业的使用上往往与蔬菜相类似，而且渊源亦与蔬菜相关，故将其列入蔬菜里。下面简要地介绍烹饪常用的几种豆类和豆制品。

1. 烹饪常用的豆类

豆类的品种很多，烹饪原料中常用的有赤豆、绿豆、扁豆、豌豆、蚕豆、大豆等。它们都含有大量的蛋白质（约含20%～40%），就其营养价值来看，以大豆为最高。

（1）赤豆。赤豆亦称红小豆，以粒大皮薄、红紫有光、且豆脐上有白纹者品质最佳，赤豆性软糯，沙性大，可做赤豆汤、小豆粥，也可煮烂制成赤豆泥、豆沙等，是制作甜馅的主要原料，与面粉掺和后可做各式糕点。

（2）绿豆。绿豆又称吉豆，品种很多，以色浓绿而富有光泽且粒大整齐者品质最好，可与大米、小米掺和制作干饭、稀粥（绿豆粥）等。用纯绿豆磨成的豆粉称原豆粉，可制绿豆糕或摊制豆皮及锅巴菜等。与糯米粉掺和后可制成豆蓉等馅心以及一般饼类。与黄豆粉、熟糯米粉掺和后，可做一般点心。绿豆用水浸泡生芽后即成豆芽菜，可做烹调原料。绿豆也是制作北京风味的豆汁的原料。

（3）大豆。大豆即黄豆，鲜嫩时称毛豆。我国各地均栽培，以东北出产最多。大豆粉黏性差，与米粉掺和后可制作团子及糕饼。用玉米面或小米面制窝头或丝糕时，亦往往掺入大豆粉，以改善口味。大豆先炒成金黄色再磨成粉，可做豆面糕（又称驴打滚）等点心。大豆富含蛋白质（约含 41%）和脂肪（约含 18%），是膳食中优良蛋白质的重要来源。用大豆制成的副食品种类繁多，几乎所有豆制品都是大豆做的。毛豆还含有丰富的维生素 B，常用做菜肴的配料。

（4）扁豆、豌豆、蚕豆。这三种豆都具有软糯、口味清香等特点，煮熟捣成泥可做馅心，与熟米粉掺和后，可制作各种糕点和小吃，如扁豆糕等。蚕豆还可水发生芽后，加料煮熟作为副食。

2. 烹调常用的豆制品

用大豆制成的豆制品种类很多，有豆浆、豆腐、豆腐脑、千张、豆油皮、豆腐干、腐竹、豆豉、腐乳、酱油等。都是广大人民生活中不可缺少的副食品和调味品。豆制品的营养价值高，价钱又较便宜，在蔬菜生产淡季还可调剂蔬菜供应，在人们膳食中占有重要的地位。

（1）豆浆。豆浆是广大人民喜爱的早点稀食之一，它的制法是将洗净的大豆用水浸泡 7~20 h 后磨碎（根据天气冷暖确定浸泡时间）、加水（一般大豆与水的比例为 1∶8）、过滤、煮沸即成。

（2）豆腐。豆腐是一种日常普遍食用的副食品。制作过程包括选豆、浸泡、磨碎、加水、过滤、加热煮沸等步骤，与制豆浆相同。待豆浆温度下降到 7~8℃时，再加入适量的盐卤或石膏浆，使大豆蛋白质凝结沉下，排去水分即成。豆腐是重要烹调的原料，用它可以做成多种营养价值高而又经济的菜肴。

（3）豆芽。大豆经水泡发芽后，除富含大豆的营养成分外，还增加了维生素 C 的含量。在冬春缺乏蔬菜时，豆芽是膳食中维生素 C 的良好来源。大豆生芽后，干物损失在 20% 左右，且豆芽的豆瓣不易消化，影响对蛋白质的吸收。如用绿豆生豆芽，豆粒小，可多生芽，0.5 kg 绿豆可生 3~3.5 kg 豆芽，不仅产量高，而且维生素 C 含量也较黄豆芽为高。

10.2.3 其他烹调原料

在烹调中常用的其他种类的原料见表10—1。

表 10—1　　　　　　　　其他烹调原料

种类		品种
家禽类	鸡	九斤黄
		寿光鸡
		狼山鸡
		浦东鸡
		萧山鸡
		洛岛红鸡
		澳洲黑鸡
	鸭	北京填鸭
		麻鸭
	鹅	中国鹅
		狮头鹅
家畜类	猪	华北猪型
		华南猪型
	牛	黄牛
		水牛
		牦牛
	羊	绵羊
		山羊
水产类	海洋鱼类	小黄鱼
		大黄鱼
		带鱼
		快鱼（又称响鱼、鳓鱼、白鳞鱼等）
		平鱼（又名鲳鱼、银鲳、镜鱼、海漂子等）
		鲨鱼
		鲐鱼（又名鲭、青花鱼或油筒鱼）
		鲅鱼（又名马鲛鱼、鲔或鲅）
		比目鱼（又名目鱼、板鱼、偏口鱼）
		海鳗
		藤罗鱼（又名黄姑鱼、铜罗鱼）

续表

种类		品种
水产类	海洋鱼类	面鱼（又名面条鱼、草根鱼）
		加吉鱼（亦称真鲷、铜盆鱼）
		梭鱼（也叫支鱼）
		墨鱼（又名墨斗鱼、乌贼）
		鲱鱼（又名鲭鱼）
		马面鲀鱼（俗称橡皮鱼、剥皮鱼，学名绿鳍马面鲀）
		条鳎（又名星鲽）
	淡水鱼类	鲤鱼（俗称鲤拐子）
		鲫鱼（又称鲋，古称鳉）
		鳙鱼（又名胖头鱼、花鲢、黑鲢）
		鲢鱼（又名白鲢鱼）
		鳡鱼（亦称黄钻、竿鱼）
		草鱼（又名鲩鱼）
		鳜鱼（亦称桂鱼、鲚花鱼、花鲫鱼）
		鲥鱼
		银鱼
		刀鱼
		大马哈鱼
		鳊鱼
		黑鱼（亦称鳢，又名乌鱼）
		鲶鱼（又名年鱼、鲇鱼）
		白鱼
	虾、蟹及其他	对虾（又名大虾、明虾）
		晃虾（又名白虾）
		海蟹
		青虾
		草虾
		螃蟹（又名毛蟹）
		圆鱼（又名甲鱼、团鱼、水鱼）
		鳝鱼（即黄鳝，又名长鱼）
		蚶子（又名瓦楞子）
		牡蛎（简称蚝，又名海蛎子）
		缢蛏（又名蛏子、竹蛏）
		海螺（又名红螺）

续表

种类		品种
干货制品	植物性海味干料	紫菜
		海带
		石花菜
		冻粉
	动物性海味干料	鱼翅
		干贝
		虾米
		虾子
		裙边干
	陆生动物性干料	蹄筋
		鹿筋
		鹿尾
		驼蹄
		驼峰
		干肉皮
	陆生植物性干料	玉兰片
		笋干
		黄花菜干
		莲籽
		白果
		百合
		苔干菜
	陆生藻类及菌类干料	发菜
		黑木耳
		银耳（又称白木耳）
		黄耳（又名金耳、桂花耳、云耳）
		香菇（亦称香蕈）
		口蘑
		猴头蘑
		竹荪（又称僧竺蕈、竹参）

10.3 刀工与配菜技术

10.3.1 刀工一般知识

1. 刀工的意义

刀工是根据烹调和使用要求，运用不同的刀法，将烹调原料加工成一定形状的操作过程。中国菜肴讲究色、香、味、形、器的配合，菜肴的色、香、味、形与刀工有着密切的关系，故厨师历来对刀工极其重视。经过历代厨师的反复实践，创造出精巧的刀工技术，积累了丰富的经验。因此，中国烹饪的刀工，不但具有技术性，而且还有较高的艺术性。

2. 刀具的种类

刀具的种类很多，分类方法各地不同。按用途可以分为批刀、切刀、小方刀、刮刀、尖刀等；按形状可以分为圆头刀、方头刀、马头刀。

3. 刀具的保养

（1）刀具用后须用洁布擦净水分，特别是切完含盐、含酸量较高的原料后，应用清水洗净后擦干，以防刀面腐蚀。

（2）刀具使用过后应挂在刀架上，以免碰撞其他物体损伤刀口。

10.3.2 基本刀法及适用范围

刀法分为直刀法、平刀法、斜刀法等。

1. 直刀法

直刀法就是在操作时刀与菜墩成直角的一种方法，根据运刀形式和用力的大小可分为切、劈、斩三种。

（1）切。一般适用于无骨的原料，根据运刀形式的不同，又可分为五种。

1）直切（跳切）。直切是刀垂直于墩面，上下运动将原料切下的一种刀法。

适用范围：脆性原料。

操作要点：双手有节奏的配合，右手持刀时，左手按稳原料，根据要求的厚薄、长短、形状等不断后移，右手持刀利用腕力，随着左手的移动，紧跟着一刀一刀直切下去，一般原料的直切是以左手中指抵住刀身，以向后移动的距离为标准，刀紧贴中指切下，左手向后移动的距离要相等，下刀要垂直。

2）推切、拉切。推切的刀法是与菜墩垂直，切时刀由后向前运动，一刀推到底。拉切的方法是刀与菜墩垂直，切时刀由前向后运动，用刀的前端，一刀拉到底。

适用范围：质地松散，韧性较大的原料。

操作要点：推切和拉切与直切的要求相似，区别只在于刀的运动路线不是垂直于菜墩，而是成一定角度。

3）锯切（推拉切）。切时刀与菜墩垂直，先前拉，然后再后拉，像拉锯一样。

适用范围：大而无骨的肉及质地松软的原料。

操作要点：切时落刀要慢，用力要小，前后推拉时刀与菜墩保持垂直。右手持刀时，左手按稳原料，不要移动。

4）铡切。铡切对原料的加工类似铡刀而得名。切法有两种，一是右手提起刀柄，左手握住刀背前端，刀尖向下，在原料上保持刀尖不动，下压刀柄；另一种是将刀放在原料上，右手握住刀柄，左手握住刀背前端，使刀的两端交替抬起直落。

适用范围：带壳或软骨及带骨的原料，如蟹、油鸡、烧鸡等，个体小、脆性的原料，如花椒粒等。

操作要点：刀始终与菜墩垂直，用力不要太大，以切断为度。

5）滚料切。滚料切的方法是左手按稳材料，切的同时不断滚动原料的一种方法。

适用范围：圆形原料，如萝卜、笋、茄子、黄瓜等。

操作要点：左手不断滚动原料，刀要紧密配合原料滚动切下。

（2）劈（砍）。通常适用于带骨或坚硬的原料，用力较大，且拇指与食指要紧握刀箍上部。劈可分为直劈、跟刀劈、拍刀劈三种。

1）直劈。直劈的方法是将刀对准原料，用力向下直劈。

适用范围：适用于带骨或坚硬的较大原料。

操作要点：左手固定原料，右手持刀用力劈下，刀要与菜墩垂直，最好一刀劈断，避免重复，否则既影响原料形状整齐且易出骨屑。

2）跟刀劈。跟刀劈的刀法是将刀刃放在原料上，然后原料与刀一起落下。

适用范围：一次不易劈开的原料，如猪蹄等。

操作要点：左手拿原料，右手执刀，两手同时起落，刀刃要紧嵌在原料内部。

3）拍刀劈。将刀对准原料要劈断的部位，右手紧握刀柄，左手用力拍打刀背，将原料劈开。

适用范围：体小而圆滑的原料，如鸭头、鸡头等。

操作要点：刀与菜墩垂直，所用力度大小要适宜，用力过大原料易散失，用力过小劈不开。

(3) 斩（剁、排斩）。将原料剁成"茸"或"末"的一种刀法，有时为了提高速度，两手同时执刀，故又称"排斩"。

适用范围：无骨的动物性原料。

操作要点：双手保持一定距离，不宜太远或太近，两刀前端距离要稍近，后端的距离要稍远。不断地翻动原料，使茸末均匀、细致。操作时不宜提得太高，以防原料飞溅。斩前在刀面抹层水，以减少刀与原料的摩擦力。

2. 平刀法（片刀法）

平刀法是操作时刀与菜墩平行的刀法，是一种较精细的刀工方法，可将原料切成薄而均匀的片状。适用于无骨的动物性原料和韧性原料，包括平刀片、推刀片和拉刀片及抖片四种。

(1) 平刀片。是一种刀与菜墩平行，按要求的厚度，一刀片到底的刀法。

适用范围：软嫩的原料，如肉冻、酸菜等。

操作要求：刀的前端低，后端略提起，以控制原料厚薄。左手要按稳原料，用力不要过大，以原料不移动为度。左手按原料，应平放在原料表面，食指与中指间留一空隙，以观察厚薄。

(2) 推刀片与拉刀片。推刀片与拉刀片是刀与菜墩平行，片进原料后向前推或向后拉。

适用范围：推刀片用于煮熟回软的脆性原料，如笋等；拉刀片多用于韧性原料，如猪肉、鸡肉、鸭肉等。

操作要求：与平刀片基本相同。只是片进原料后一个向前推，一个向后拉。

(3) 抖片。是一种操作时将刀身放平，左手按稳原料，右手执刀，刀片进原料后从右向左移动，同时要上下抖动的一种刀法。

适用范围：用来美化原料的形态，适合软嫩的原料，如猪腰子等。

操作要求：左手与右手相互协调，抖动要均匀。

3. 斜刀法（斜刀片）

加工时刀与菜墩成一定角度的刀法，分正斜片、反斜片两种。

(1) 正斜片。与推刀片相似，只是与菜墩成一定角度，刀刃向里，刀背向外。

适用范围：无骨的肉或韧性原料切片或块。

操作要点：左手按稳原料，随着左手的移动一刀一刀片下去，两手要密切配合。

(2) 反斜片。与正斜片相反，刀刃向外，刀背向里。

适用范围：脆性易滑动的原料，如莴苣、鱿鱼、白菜帮等。

操作要点：左手按稳原料，用中指上部关节抵住刀身，刀应紧贴中指关节片进原料，左手向后移动的距离应相等。

4. 剞刀法

剞刀法是将原料表面加工出一些花纹以达到美化原料的一种精细刀法,又称"花刀"。这是一种采用切与斩相结合的刀法,具有使原料烹调时容易入味,烹调后造型美观的作用。剞时刀口深度要适宜,一般为原料厚度的 4/5 左右。适用于韧性的原料,如腰子、肚仁、里脊、鸡胗等。一般分为直刀剞、拉刀剞、推刀剞、翻刀剞和花刀剞。

(1) 直刀剞。直刀剞的刀法基本与直刀切相同,不同的是只切进原料的 3/4,深而不透。剞好后根据菜肴形状的要求斩成条或块,经加热后形成球状、松塔状、麦穗状。

适用范围:软嫩原料。

操作要点:剞的深浅、距离要均匀一致,深而不透。

(2) 拉刀剞。拉刀剞时右手持刀,左手按稳原料,刀刃紧贴左手中指处,刀刃与原料成 90°角,加工到末端时提起,刀头部用力,由前向后运刀。

适用范围:软嫩原料,如豆腐干、猪肝、牛羊肉等。

操作要点:刀纹的深浅、距离要一致。

(3) 推刀剞。推刀剞是右手持刀,左手按原料,刀身紧贴左手中指处,由里向外运刀,将原料剞上一条平行的刀纹。

适用范围:质地老硬的原料,如鸡胗、鸭胗等。

操作要点:与直刀剞基本相同,只是运刀时向前推,而不是向后拉。

(4) 翻刀剞。翻刀剞同直刀剞基本相同,只是剞进原料后,将刀身右侧翻动,使剞好的原料倒向一边。

适用范围:软嫩的原料,如虾、鱼脯肉、鱼肉等。

操作要点:剞进原料的深度相等,手腕在翻刀时要轻,起刀时要平。刀的前端不宜用力,避免深度不同。

(5) 花刀剞。花刀剞时在原料上交叉剞上各种不同的花刀纹,使原料经过烹调后形成各种形状。

5. 削

削的方法有两种:一是右手执刀,左手握料,刀刃向外,刀背向里,一刀一刀的削下;另一种是左手拿料,右手握刀,大拇指逼住刀刃,使拉削下来的皮从拇指和食指的虎口处滑出。

适用范围:各种果蔬,如土豆、茄子、黄瓜、胡萝卜等去皮。

操作要点:两手要紧密配合,用拇指与刀刃间的距离空隙的大小控制皮的厚薄。

6. 旋

旋有两种方法，一种是把原料拿在手中，另一种是将原料放在墩上。

适用范围：打皮和旋制瓜皮卷。

操作要点：左手拿原料，右手持刀，大拇指贴在要选的原料上，其他四指弯曲握住刀背及刀柄，左手将原料向外旋转，右手大拇指向里拉近刀刃，使原料在两手中旋转削掉外皮。

7. 刮

刮有两种方法：一是顺刮，二是逆刮。

适用范围：鱼去鳞及刮掉原料表面杂质和黏液。

操作要点：一手按住原料，另一手持刀，顺着筋络刮为顺刮，逆着原料表面组织刮为逆刮。

此外，还有剔和拍。剔是将肉与骨分离的一种刀法，适用于鸡、鸭、猪的出骨，要求干净利落。拍就是用刀身拍菜墩上的原料，根据烹调的需要，将原料拍松、拍碎，适用于姜、蒜等。

10.3.3　配菜技术

1. 配菜的基本原则

以一种原料为主的，主料应多于辅料。主料是多种原料构成的，各样原料均等。由单一原料构成的，就按一份配菜定额分配即可。

2. 色的配合

通常的配色方法有两种：

（1）顺色。即主料、辅料色彩一样。

（2）花色。即主料、辅料由多种颜色构成。

3. 香和味的配合

以主料的香味为主。可用辅料的香味补充主料的不足。可用辅料的香味冲淡主料过浓过腻的香味。

4. 形的配合

即"块配块""丁配丁""片配片"。

5. 质的配合

即"脆配脆""硬配硬""软配软"。

6. 营养成分的配合

在实际工作中，应掌握原料的成分，使菜肴的营养成分得到合理的配合，使用餐者得到全面的营养。

10.3.4 配菜的基本方法

1. 配一般菜

按照配菜时所用原料的多少来分可分为配单一原料、配主辅料、配不分主次的多种料三大类。

（1）配单一原料的菜。即配由一种原料构成的菜肴。一般来说绝大部分的菜肴用料都可以用单一料，由于原料只有一种，配菜方法也很简单。但在配菜时也要注意两点：

1) 必须突出原料的优点，避免原料的缺点。

2) 具有某些浓厚特殊味的原料，不宜单独制成菜肴。

（2）配原料有主有辅的菜。是指配除了主料以外，还有一定数量的辅料的菜，搭配辅料是为了烘托主料，同时起互相补充作用。

（3）配多种不分主次原料的菜。即配由两种以上属于平等地位的原料所构成的菜。

2. 配花色菜

花色菜指在色和形方面特别讲究，富于艺术性的一种菜肴。这种菜在刀工和配菜方面非常细致，要求有较高的艺术性，造型美观，色泽悦目，口味鲜美，营养全面。

（1）配花色菜应注意的问题

1) 选料精，并要有有利于造型。

2) 色、香、味、形和谐统一。

3) 图案形象优美大方，引人喜爱。

4) 手法技艺须纯熟精湛。

（2）配花色菜常用的方法

1) 叠。就是将颜色、香味诸方面能够互相补充的原料，分别加工成片，间隔的相叠，中间涂一层加工成糊状或者泥的黏性原料，使其黏在一起，成为具有三四种颜色的块或其他各种形状。例如"锅贴鱼"是将鱼肉、火腿、肥肉膘、菠菜叶等切成同样大的长方片，把他们整齐、相间的叠在一起，中间涂上调至好的虾茸使其黏合而成。

2) 穿。就是将整个或部分无骨原料（如鸡、鸭），在空隙处嵌入其他原料。例如"银针穿凤衣"是将熟鸡翅膀齐骨处剁去两头，抽出翅骨，在无骨的空隙，将火腿、鱼翅针和菜心丝穿进去，使三种颜色突出来。

3) 填。就是以一种原料为主，中间填入其他原料（一般是茸泥或丁形原料）的一种方法。

4) 扣。有两种方法，一种是将原料整齐地摆在碗内，然后整齐地覆扣在容器内；另一种是把两片不同的原料套扣在一起，做成麻花形。用这种方法还可以把两种不同色彩和不同性质的原料设计加工成许多新花样。

5）卷。把各种韧性的原料加工成较大的长方形片叠合，中间夹入各种颜色、各种形状（如条、丝、末、块、茸、片等）的原料，卷成长圆形的卷。两头可做成各种美丽的形状。如"银针鸡卷""鸡椒"都是用此方法制成。

6）扎。又称为"捆"，就是将主要原料切成片和条，再用黄花菜、海带、干菜丝等主料一束一束地捆扎起来，如"紫把鸭掌""紫把鸡"等。

7）包。就是把整只或加工成丁、条、丝、片、块、茸、末等形状的原料，用玻璃纸、豆腐片、荷叶、粉皮、蛋皮、油皮等包成各种形状，如"纸包鸡""素八宝鸡""素明虾"等。

10.4 调　　味

10.4.1 调味的阶段

1. 原料加热前的调味

调味的第一个阶段是原料加热前的调味，可称为基本调味。其主要目的是使原料先有一个基本的滋味，并解除一些腥膻气味。具体方法就是用盐、酱油、黄酒或糖等调味品把原料搅拌一下或浸渍一下。例如鱼在烹制以前，往往要用酱油浸渍一下，用于炸、熘、爆、炒的原料往往要结合挂糊上浆加入一些调味品。用蒸的方法制作的菜肴，其原料事先也要进行调味。

2. 原料加热过程中的调味

调味的第二阶段是在原料加热过程中的调味，即在加热过程中的适当时候，将调味品投入。这是具有决定性的定型调味，大部分菜肴的口味都是在这一调味阶段确定的。有些用旺火短时间加速烹调的菜，往往还需要先把一些调味品调成"对汁"（也叫"预备调汁"），在烹调时迅速加入。

3. 原料加热后的调味

调味的第三阶段是原料加热后的调味，可称为辅助调味。通过这一阶段的调味，可以增加菜肴的滋味。这适用于再加热过程中不能进行调味的某些烹调方法。如用来炸、蒸的原料，虽都经过基本调味阶段，但由于在加热过程中不能调味，所以往往要在菜肴制成后，加上调味品或随调味品上席，以补基本调味的不足，例如炸菜往往需佐以番茄汁、辣酱油或椒盐等。至于涮菜，在加热前及加热过程中均不能进行调味，故必须在加热后进行调味。

10.4.2 调味的原则

1. 下料必须恰当、适时

调味时所用的调味品和每一种调味品的用量，必须适当。为此，厨师应当了解所烹制的菜肴的正确口味。如：应当分清复合味中各种味道的主次，例如有些菜以酸甜为主，其他为辅；有菜以麻辣为主，其他为辅。在下料准确的前提下，力求下料规格化、标准化，做到同一菜肴不论重复制作几次，调味都划一不走样。

2. 严格按照一定的规格调味，保持风味特色

我国的烹制技艺经过长期的发展，已经形成了具有各地风味特色的地方菜肴。在烹调菜肴时，必须按照地方菜系的不同规格要求进行调味，以保持菜肴的风味特色，做到烧什么菜，像什么菜。必须避免随心所欲地进行调味，把菜肴烧得口味混杂。当然，这并不是反对在保持和发扬风味特色的前提下发展创新。

3. 根据季节变化适当调节菜肴的口味和颜色

人们的口味往往随着季节的变化有所不同。在天气炎热的时候，人们往往喜欢口味比较清淡、颜色较淡的菜肴；在寒冷的季节，则喜欢口味比较浓郁、颜色较深的菜肴。在调味时，可以在保持风味特色的前提下，根据季节变化，适当灵活掌握。

4. 根据原料的不同性质掌握好调味

（1）新鲜的原料，应突出原来本身的美味，这种原味不宜为调味品的滋味完全掩盖。例如新鲜的鸡、鸭、鱼、虾、蔬菜等，调味均不宜太重，也就是不宜太咸、太甜、太酸或太辣。因为这些原料本身都有很鲜美的滋味，人们吃这些菜肴，主要也就是要吃他们本身的滋味，如果调味太重，反而失去了原料本身的鲜美滋味。

（2）带有腥膻气味的原料，要用去腥解腻的调味品。例如牛羊肉、内脏和某些水产品，都带有一些腥膻气味，在调味时就应该根据菜肴的具体情况，酌加酒、醋、葱、姜或糖等调味品，以解除腥膻气味。

（3）本身无显著滋味的原料要适当增加滋味。例如鱼翅、参、燕窝，本身都是没有什么滋味的，调味时必须加入鲜汤，以补助其鲜味的不足。

10.5 烹调方法

10.5.1 炸

1. 清炸

清炸是原料不经挂糊上浆，用调料拌渍后，即投入油锅用旺火加热的方法。清炸的关键是必须根据原料的老嫩、大小，掌握好油温及火候。质嫩或条、块、片等小型原料，应在油五成热时下锅，炸的时间要短，约八成熟即取出，然后待油再热后，再炸一炸。形状较大的原料，要在油热到七八成时下锅，炸的时间要长一些或间隔地炸几次，也可以酌情端锅离火几次，待原料内部炸熟后取出，等油温回升到八九成热后再投入，炸到外表发脆即可。清炸的特点是制品外香脆、里鲜嫩，清香扑鼻。

2. 软炸

将质嫩而形状小（小块、薄片、长方条）的原料先以调味品拌和，再挂上糊，然后投入五成熟的油锅炸，兼做软炸，油温不宜过高过低，以防止炸焦或脱浆。炸时应分散投料，防止粘连。炸到原料断生、外表发硬时，即可捞起，然后将锅内油烧到七八成熟时，再放入一炸即好。这种炸法时间极短，制品外香软、里鲜嫩。

3. 酥炸

在煮酥或蒸酥的原料外面挂上全蛋糊（也有不挂糊的）下油锅炸，叫做酥炸。挂糊的大都是出骨原料，不挂糊的大都是不出骨的原料。蒸酥的原料应事先用调味品腌渍，腌渍时间的长短应视原料质地的老嫩及气候而定。煮酥的原料则不必用调味品腌渍，而可直接将调味品加入与原料同煮即可。原料下油锅时，火力要旺，油温应掌握在六七成热，直炸到表层呈深黄色并发酥为止。酥炸的特点是制品酥、香、肥嫩。

10.5.2 炒

炒是将加工成丁、丝、条、球等的小型原料投入油锅，在旺火上急速翻拌成熟的一种烹调方法。此法使用最为广泛。操作时，要先将锅烧热，再下油。一般用旺火热油，但火力的大小和油温的高低，要根据原料而定，锅要滑，速度要快，炒到原料断生即好。炒的特点是制品滑嫩干香。炒可分滑炒、煸炒、熟炒、干炒等几种。

1. 滑炒

经过精细加工的小型原料先经上浆划油，再用少量油在旺火上急速翻炒，最后以对汁或粉汁勾芡的方法，叫做滑炒。用于滑炒的动物性原料要上浆，植物性原料不上浆。滑炒菜的特点是滑嫩柔软，卤汁紧。

滑炒菜选料比较广泛。但原料质量及加工成形的要求较高，必须用去皮、拆骨、剥壳的净料，加工成薄片、丝、条、丁、粒状或者直接取用小型的整料（如虾仁之类）。在原料的组合方面，可以是纯主料的（单一主料或两种以上的主料），也可以是混合式的（有主料也有辅料）。

2. 煸炒

加工成薄片或丝、条、丁状的原料直接用旺火热锅热油翻炒，叫做煸炒。其特点是有三个"不"：原料事先不经过调味料拌渍，不挂糊上浆，起锅时也不勾芡。其操作关键是主料先入锅（不易熟的原料可与主料一起放入），加入调料后，迅速颠翻至原料断生即好。用煸炒的方法制成的菜肴，汤汁很少，鲜香入味。

3. 熟炒

熟炒是煸炒的发展。所谓熟炒，就是用炒的方法将已经成熟或者半熟的原料（指主料）烹制成菜肴。熟炒的原料不必挂糊上浆，起锅时一般用湿淀粉勾薄芡。熟炒菜的特点是略带卤汁，口味鲜香。

10.5.3 熘

熘是先将原料用炸的方法（或用煮、蒸、划油的方法）加热成熟，然后调制卤汁浇淋于原料上，或将原料投入卤汁中搅拌的一种烹调方法。熘的菜肴一般卤汁较宽。

熘菜原料的加工成形，应根据第一个操作步骤的要求进行。经干炸制或划油的大都是块、丁、条、片、丝等小料。如果是整体的原料，则必须剞花刀。用水煮或蒸制的则可用整料。熘菜一般要求旺火速成，以保持菜肴香脆、滑软、鲜嫩等特点。根据用料和第一个操作步骤的不同，熘还可分脆熘、滑熘等。

1. 脆熘

脆熘（又称炸熘或焦熘），是将加工成形的经用调味品拌渍的原料滚拌上水粉或干粉放入油锅里，用旺火热油（油温在六成热以上）炸到原料呈黄色发硬时取出。另起小油锅，油热时先放入葱姜，再放入酒、糖、盐，另加湿淀粉勾芡制成卤汁，淋浇在炸好的原料上即成。这种卤汁基本上是油质的。起油锅与制卤汁这两个过程必须结合进行，即原料还在油锅内炸时，就要同时另用炒锅制作卤汁，待原料出锅时，卤汁也同时制好。脆熘菜肴的特点是：色泽金黄，硬脆酥香，鲜咸微酸。

2. 滑熘

滑熘就是先划油后熘。另外还有"糟熘""醋熘"等，其操作方法与滑熘完全相同，只是调味不同罢了。滑熘所用的原料以加工成片、丝、条、丁、块的无骨原料为主。烹制时将原料先用调味品拌渍，再用蛋清、淀粉上浆，下五成热以下的油锅，划散原料，划至八成熟时取出（如系不易成熟的较大的块，可将锅离火多划一些时候），同时将卤汁制好，将出锅的原料投入卤汁锅内颠几颠，使卤汁能粘在原料上。滑熘菜肴的特点是洁白滑嫩。

10.5.4　爆

爆是将脆性原料放入中等油量（油与原料的比例2∶1）的油锅中，用旺火高油温快速加热的一种烹调方法，其特点是加热时间极短。爆所采用的原料大多是本身质地具有一定脆性无骨的小型原料，刀工处理必须厚薄、大小、粗细一致。除薄片外一般都必须剞花刀。操作前应预先制成调味汁，以缩短烹调时间，并使菜肴咸淡均匀，色泽美观。爆菜的特点是脆嫩爽口，卤汁紧包原料。

10.5.5　炖

炖是既类似蒸又类似煨的一种烹调方法，习惯上分为隔水炖和不隔水炖两种。

1. 隔水炖

隔水加热使原料成熟的方法，叫做隔水炖。原料先要在沸水内烫去腥污，然后放入瓷制或陶制的钵内，加葱、姜、酒等调味品与汤汁（不用有色调味品），用桑皮纸封口，然后放入水锅内炖（锅内的水须低于钵口，以水滚沸时不浸入为度）。这种方法可使原料的鲜香味不易走失，富有原料原有的风味，而且汤汁澄清。也有把装好原料的密封钵放在沸滚的蒸笼上蒸炖的，其效果与隔水炖基本相同。但蒸炖时，由于炖钵完全置于高热蒸汽中，炖的时间可比隔水炖短一些。无论隔水炖或蒸炖，都要掌握好时间。炖得不透，可使菜肴香鲜味大为减色；炖过了头，也会使原料因过于熟烂而影响口味。

2. 不隔水炖

是将原料放入陶制器皿内，加入调味品和水，直接放在火上用旺火或中火烧开，用小火长时间加热使之成熟。这种方法又近似干煨。

10.5.6　烧

烧是将经过炸、煎、煸炒或水煮的原料，加适量汤水和调味品，用旺火烧开，中小火入味，旺火稠浓卤汁的一种烹调方法。烧菜的特色是卤汁少而黏稠，原料质地软嫩，口味鲜浓。

烧菜的汤汁，一般为原料的 1/4 左右，但如系干烧，就应使汤汁全部渗入到原料内部，锅内不留汤汁。烧可分为红烧、白烧，借助于调味品的颜色而使菜肴成为酱红色或白色。

10.5.7 烩

将加工成片、丝、条、丁、粒的多种原料一起用旺火制成半汤半菜的菜肴，这种烹调方法就是烩。原料一般都要经过初步熟处理，也可以配些质地柔嫩、极易成熟的生料。烩菜一般以白烩居多，因此要用白汤。有些要求清汤爽的菜肴，则用清汤。一般都要勾薄芡。烩菜的特点是汤宽汁厚，口味鲜浓，色彩鲜艳。

10.5.8 烤

生料经过腌制或加工成的半熟制品后，放入柴、炭、煤或者煤气为燃料的烤炉或者红外线烤炉，利用辐射热能直接把生料烤熟的方法就叫做烤。根据烤炉设备及操作方法的不同，又可以分为暗炉烤和明炉烤两类。

1. 暗炉烤

使用可以封闭的烤炉，将原料挂上烤钩、烤叉，或者放在烤盘内，再放进烤炉，一般烤生料时多用烤钩或者烤叉，烤半熟及带卤汁的原料时多用烤盘。炉的特点是炉内可保持高温，使原料四周均匀受热。烤菜的品种很多，如北京的烤鸭、广东的叉烧等。

2. 明烤炉

明炉一般是敞口的火炉或火盆，炉（盆）上置有铁架。烤时需要将原料用烤叉叉好，或放在烤盘上，再搁在铁架上反复烤制。明炉烤的特点是设备简单，火候比较容易掌握，但因火力分散，故烤制时间较长。但烤小型生料或烤大型原料的某一个需要着重烤透的部位，明炉烤的效果均比暗炉烤好，如北京的烤牛肉、烤羊肉都用明炉烤制。

10.5.9 蒸

蒸是以蒸汽加热使经过调味的原料成熟或酥烂入味的烹调方法。它不仅用于蒸制菜肴，而且还用于原料的初步加热和菜肴的回笼保温。所用的火候，随原料的性质和烹调要求而有所不同，有以下四种：

1. 旺火沸水速蒸

这种方法适用于质地较嫩的原料，用于制作要求质地鲜嫩、只要蒸熟、不要蒸酥的菜肴。一般旺火沸水速蒸，断生即可（10~15 min）。

2. 旺火沸水长时间蒸

原料质地老、形体大，而又需要蒸制得酥烂的菜肴，应改用这种方法。蒸的时间长短应视原料质地老嫩而定（一般需2～3 h）。要蒸到原料酥烂为止，以保持肉质酥烂肥香。

3. 中火沸水徐徐蒸

原料质地较嫩，经过较细致加工，需要保持鲜嫩的菜肴，要用这种方法。

4. 微火沸水保温蒸

用于将某些菜肴保温，便于上菜，这实际上并不是一种烹调方法。保温蒸火力的大小应根据上菜时间掌握。上菜前用微火，起到保温的目的。不应用旺火沸水猛蒸，使菜肴出现回笼水而失去原来的风味。

蒸的烹调方法使用范围较广，不受原料性质和形态的限制，但蒸制的原料质地必须特别新鲜。因为蒸笼内水蒸气已达到饱和点，压力较高，原料本身的蛋白质不易溶于水，而调味料也不易渗透到原料内部去，所以菜肴能保持原汁原味。而如果原料不新鲜，那么不新鲜的异味也就更加突出。

管理蒸笼必须注意以下三点：汤水少的菜应该放在上面，汤水多的菜应该放在下面；淡色的菜肴应该放在上面，深色的菜肴应该放在下面；不易熟的菜肴应该放在上面，易熟的菜肴应该放在下面。

思 考 题

1. 什么叫地方菜系？
2. 四川菜系以哪两地的菜肴为代表？
3. 四川菜擅长哪些烹调方法？
4. 广东菜系以哪些地方菜肴为基础发展而成？广东菜有哪些口味特点？
5. 北京菜有哪些口味特点？擅长哪些烹调方法？
6. 上海菜口味特点是什么？
7. 江苏菜由哪三地菜组成？擅长于哪些烹调方法？
8. 素菜起源于何处？常用哪些原料？
9. 什么叫回民菜？回民菜对什么原料烹制很讲究？
10. 朝鲜族菜常用的烹调方法有哪几种？
11. 调味可以分哪几个阶段？
12. 调味应该掌握哪几个原则？
13. 配菜的基本方法有哪几种？

14. 刀工的一般知识有哪些要求？
15. 什么叫爆、熘的烹调方法？
16. 炒可以分哪两种类型？
17. 什么叫烩的烹调方法？
18. 蒸的烹调方法分哪几种类型？
19. 熘的烹调方法可以分哪几种？
20. 请列举两款典型的上海菜。

第 11 单元

西式面点制作

11.1 西式面点概况　　　　　　　　　　/156
11.2 常用设备和工具的使用与保养　　　/158
11.3 主要原料　　　　　　　　　　　　/170
11.4 成品成熟的基本原理　　　　　　　/176
11.5 其他相关知识　　　　　　　　　　/179

11.1 西式面点概况

西点是西餐烹饪的重要组成部分，它以用料讲究、造型艺术、品种丰富等为特点，在西方饮食中起着举足轻重的作用，是西方饮食文化的代表作品。无论是每日三餐还是各种类型的宴会，西点制品都是不能割舍的。

11.1.1 西式面点的特点

西点在西餐烹饪中的地位十分突出，客人用餐时总是离不开面包点心等制品，因此，在饭店里西点具有相对的独立性，有的饭店专门设立了西点厨房，西点师的地位也有了很大的提高。在社会上，西式点心因其独有的风味，而具有广泛的市场。

1. 用料讲究，富有营养

西式面点用料讲究，无论是什么点心品种，其面坯、馅心、装饰、点缀等用料都有各自选料标准，各种原料之间都有着相互间的比例，而且大多数原料要求称量准确。

西式面点多以乳品、蛋品、糖类、油脂、面粉、干鲜水果等为常用原料，这些原料含有丰富的蛋白质、脂肪、糖、维生素等营养成分，他们是人体健康必不可少的营养素，因此西点具有较高的营养价值。

2. 工艺性强，简洁明快

西点制品不仅富有营养价值，而且能给人以美的享受。每一件产品都是一件艺术品，每一步操作都凝聚着西点师的创造劳动，所以制作一道点心，每一步都要依照工艺要求去做，这是一个西点师的基本要求。如果西点脱离了工艺性和审美性，就失去了自身的价值。西点从造型到装饰，每一个图案或线条，都清晰可辨，简洁明快，给人以赏心悦目的感觉，让食用者一目了然，领会到西点师的创作意图。例如制作一款结婚蛋糕，首先要考虑它的结构安排，考虑每一层之间的比例关系，其次考虑色调搭配，装饰时要用西点的特殊艺术手法体现出所设想的构图，从而用蛋糕烘托出纯洁、甜蜜的新婚气氛。

3. 口味清香，甜咸酥松

西点的口味是由品种决定，但无论是冷点心还是热点心，甜点心还是咸点心，都具有清香的特点，这是由西点的原材料决定的。西点通常所用的主料有面粉、奶制品、水果等，这些原料自身具有芳香的味道。其次是加工制作时合成的味道，如焦糖的味道等。甜制品主要以蛋糕为主，有90％以上的点心制品要加糖。客人饱餐之后吃些甜食制品，会感觉更舒服。咸制品主要以面包为主，客人吃主餐的同时会有选择地食用。

总之，一道完美的西点，都应具有营养价值、完美的造型和合适的口味。

11.1.2　西式面点的分类

西点虽然渊源于欧美地区，因国家或民族上的差异，其制作手法也是千变万化的。同样一个品种在不同的国家就有不同的加工方法，因此，分类方法也不尽相同。从制品加工工艺及面团性质分类，可分为蛋糕类、混酥类、清酥类、面包类、饼干类、布丁类、冷冻甜食类、泡芙类等；从点心温度来分类，可分为常温点心、冷点心和热点心；从西点的用途上分类可分为零售点心、宴会点心、酒会点心、自助餐点心和茶点；从厨房分工上分类，可分为面包类、糕饼类、冷冻品类、巧克力类、精制小点类、艺术造型类。最笼统的分法是最后一种，这种分发概括性强，基本上包含了西点生产的所有内容，一般规模较小的饭店或食品厂分得没有这样详细。

1. **面包类**（Bread）

面包类是以面粉为主、以酵母等原料为辅的面团经发酵而烤制成的产品，如汉堡包、甜包、土司包、热狗等。面包的生产需要一个比较暖和的环境，一般室温不低于20℃。大型酒店有专门的面包房，生产餐厅需要的面包，产品以咸甜口味为主，包括硬质面包、软质面包、松质面包、脆皮面包，其用途为早餐主食、正餐副食。

2. **糕饼类**（Cake and French Pastry）

以糖、奶制品、鸡蛋、面粉、水果等原料调制的蛋糕、慕司、派、泡芙、塔、热沙勿来、布丁等甜品均为糕饼类，这是西点中比重最大的一部分。糕饼类用料广泛，品种繁多，口味独特，造型各异。

3. **冷冻品类**（Cold Production）

以糖、牛奶、奶油、鸡蛋、水果为原料，经搅拌冷冻或冷冻搅拌制出的甜食为冷冻品，它包括各种果冻、冷沙勿来、芭菲、雪拔、冰淇淋、冻蛋糕等。冷冻品类以甜为主，口味清香爽口，适用于午餐、晚餐的餐后甜食或非用餐时食用。

4. **巧克力类**（Chocolate Production）

直接使用巧克力或以巧克力为主要原料，配上奶油、果仁、酒类等调制成的产品，其口味以甜为主。产品有巧克力装饰品、加馅制品、模型制品，如巧克力吊花、酒心巧克力、动物模型巧克力等，主要用于礼品、茶点和糕饼装饰。巧克力生产需要一个独立的房间和空调装置，确保室温不超过21℃。

5. **精制小点类**（Petits Fours）

以甜咸为主，重量5~15 g，食用时以一口一块为宜，适用于酒会、茶点或餐后食用。

精致小点造型精美、品种丰富，如饼干、白毛粉挂面的树饼、加馅巧克力、小型冻品、风味小吃、小块酥类制品等。制作工艺性强，要求色泽搭配合理。

6. 艺术造型类 (Decorating Production)

凡是经特殊加工制作的，具有食用和欣赏双重价值的装饰品和成品，因其完美的造型艺术凝聚着面点师更多的创造劳动，称艺术造型类，如精致的巧克力糖棍、面包篮、庆典蛋糕、糖粉盒、马司板花、糖活制品等。

这 6 种分类方法，基本概括了西点制作的全部内容，但每种之间都有相互的联系，有些产品还具有多重性，很难划分归类，应灵活掌握和运用。

11.2 常用设备和工具的使用与保养

烹饪设备和工具是西点制作的重要物质条件，了解常用设备和工具的使用性能，对于掌握西点生产的基本技能，熟练西点生产技巧，提高产品质量和劳动生产率都有着重要的意义。制作西点的机电设备很多，即便是同一类设备，由于厂家和生产时间不同，在外观、构造和工艺性能上也是不一样的。本章只对西点制作中最常用的设备和工具作简单的介绍。

11.2.1 常用设备的使用与保养

1. 烘烤设备

烘烤设备主要是指烤箱，它是西点生产的关键设备。西点坯料成形后即可送入烤箱加热，使制品成熟、定型，并具有一定的色泽，充分显示各种糕点的风味。

（1）烤箱的种类。烤箱的种类和式样很多，没有统一的规格和型号，按热源可分为电烤箱和煤气烤箱，按转动方式可分为炉底固定式烤箱和炉底转动式烤箱，按外形可分为柜式烤箱和通道式烤箱，从烤箱的层次上分又可分为单层、双层、三层烤箱等。

1）电烤箱。电烤箱是以电能为热源的一类烤箱的总称。一般电烤箱的构造比较简单，是由外壳、电炉丝（或红外线管）、热能控制开关、炉膛温度指示器等构件组成。高级的电烤箱可对上、下火分别进行调节，具有喷蒸气、定时、警报等特殊功能。它的工作原理主要是通过电能转换的红外线辐射热、炉膛内热空气的对流热以及炉膛内金属板热的传导方式，使制品上色成熟。电烤箱使用非常方便，适应性强，而且在使用中不产生废气和有毒物质，产品干净卫生。

2）煤气烤箱。煤气烤箱是以煤气为热源的烤炉，一般为单层结构，底部和两侧有燃烤装置，有自动点火和温度调节功能，炉温可达300℃。它的工作原理是用煤气燃烧的辐射热、炉膛内空气的对热流和炉内金属传导热的传导方式，使制品上色成熟。这种煤气烤箱具有预热快、温度容易控制、生产成本低等优点，但这种烤箱的卫生清扫工作较难。

（2）烤箱的使用。烘烤是一项技术性较强的工作，尽管制作西点的烤箱种类较多，但基本操作大致相同。

1）新烤箱在使用前应详读使用说明书，以免因使用不当出现事故。

2）食品烘烤前烤箱必须预热，待温度达到工艺要求后方可进行烘烤。

3）温度确定后，要根据某种食品的工艺要求合理选择烤制时间。

4）在烘烤过程中，要随时检查温度情况和制品的外表变化，及时进行温度调整。

5）烤箱使用后应立即关掉电源，温度下降后要将残留在烤箱内的污物清理干净。

（3）烘烤设备的保养。注意对设备的保养，不但可以延长设备的使用寿命，保持设备的正常运行，而且对产品质量的稳定具有重要意义。烘烤设备的保养主要有以下几点：

1）经常保持烤箱的清洁，清洗时不宜用水，以防触电，最好用厨具清洗剂擦洗，但对里衬是铝制材料的烤箱不能用清洗剂擦洗，更不能用钝器铲刮污物。

2）保持烤具的清洁卫生，清洗过的烤具要擦干，不可将潮湿的烤具直接放入烤箱内。

3）长期停用的烤箱，应将内、外擦洗干净后，用塑料罩罩好放在通风干燥处存放。

2. 微波炉

微波炉是近年来在国外普及较广的一种新型灶具，目前已逐步被我国消费者认识和采用。微波炉的外观与一般的电烤箱相似，但加热原理却与电烤箱完全不同。

微波是一种频率极高的无线电电磁波，波长为1 m～1 mm（频率为300 MHz～300 GHz），它的低频端与超短波接壤，高频短与红外线毗邻，由于其波长很短，所以被称为微波。

微波是以光速直接传播的，对物体有一定的穿透性。微波对物料的作用是在穿透物料的同时被物料所衰减，被衰减的微波能量就转化成热能传递给被加热体。微波对物料的加热是在物料的里、外同时进行的，而不是像常规热源的加热依赖于热传导、辐射、对流三种方式完成。因此，微波加热具有就地生热、瞬时升温的特点。

（1）微波炉的使用方法

1）接通电源后，要根据加热原料的性质、大小及加热目的（如成熟、烧烤、解冻等）、加热时间，将各功能键调至所需位置。

2）打开炉门，将盛放食物的容器放入炉内。关好炉门，按启动键。

3）加热完成后，打开炉门，取出事物，切断电源，用软布将炉内外擦净。

(2) 使用微波炉的注意事项

1) 禁空炉操作。微波炉不用时,应在炉内放一杯水,以避免意外行为造成空炉运作。

2) 烹调时,被加热物的盛器一定要放入转盘。转盘在烹调时自行转动,可使加热更均匀。

3) 烹调过程中,如果要打开炉门检查或翻转食物,应戴上手套,以免烫伤。

4) 烧烤食物时,食物与烧烤发热管的距离应不少于5 cm。

5) 清洁炉体时要先切断电源,待烧烤管冷却后才擦拭。另外,严禁用工业清洗剂、腐蚀性清洗剂和漂白剂清洁炉内外。

(3) 微波烹调的特点。由于微波烹调与常规烹调有本质的区别,所以微波烹调有许多独特的优点。

1) 省时、节能。电磁波使食物内外同时加热,且仅加热食物,不加热炉子本身,因而热能耗损小,省时间。

2) 安全、卫生。烹调食物时无火、无烟、无脏物,无煤气中毒或爆炸的危险,烹调环境安全、卫生、干净。

3) 解冻迅速。冷冻食品只需较短的时间即可解冻,比自然解冻快几十倍。它保持了食物原有的鲜度和营养,还防止了食物在自然解冻中产生的劣质。

4) 便于造型。因加热时间短,避免了某些化学反应的产生,从而保持了原料的色、香、味,同时加热时不必翻搅,不会使食物变形,保持了食物的原有造型。

5) 保留营养。由于加热时间短,用水少,所以一些水溶性的、易氧化的和易被热破坏的维生素的保存率极高。

但是,微波烹饪也有一定的局限性,如:食物表面的褐变较差,不易产生焦脆的表皮因而缺乏烘烤制品外焦里嫩的口感。另外,使用微波烹调,由于不能打开炉门操作,不易对食物进行煎、炸、炒等传统的中式烹调,因而,用微波炉加工传统中餐较为困难。目前人们已在寻找解决这些局限性的办法。

(4) 微波烹调器皿。微波加热时,不是把器皿放在火上,所以很多器皿可以使用。但也有一定的条件限制:第一,电磁波一定能穿透;第二,器皿的耐热温度必须比加热食品的烹调温度高。一般陶瓷器皿、玻璃器皿、耐热塑料器皿、耐热胶膜(保鲜纸)等均可使用。

1) 陶瓷器皿。一般的陶瓷器皿均可使用,但下列情况除外:带有金银饰线的容器,在加热时会爆出火花并变色;内壁涂有色彩的陶瓷一经加热会泄出铅成分,对人体有害。

2) 玻璃器皿。高温、耐热玻璃、硼硅酸耐热玻璃均可使用。普通玻璃器皿可用于加热食物,雕花玻璃、水晶玻璃,由于厚度不均匀,形状不规整,因而加热时易破裂。

3）塑料器皿。凡标有120℃以上耐热温度的塑料器皿均可使用，但加热含有高糖分、高油脂的食品时，温度会升高，容器有熔化的可能，应避免使用。不耐热的塑料器皿，易熔化、有污染。

4）耐热胶膜（保鲜纸）。可用于温度不超过100℃的烹调。当加热含有高糖分、高油脂的食物时，高温会熔化保鲜纸，应避免。

5）金属容器。加热时会产生火花并反射电磁波，使食物不易成熟，禁止使用。铅箔纸片可起调节电磁波量、控制完成时间的作用，但勿使其碰到金属内壁，否则会产生火花。

3. **机械设备**

西点机械是西点生产的重要设备，它不仅能降低生产者的劳动强度，稳定产品质量，而且还有利于提高劳动生产率，便于大规模的生产。

（1）常用机械的种类

1）专业搅拌机。专业搅拌机的构造主要有由机架、电机、变速箱、升降启动装置、不锈钢桶、搅拌器等部件组成。在机架上部的油浸式齿轮变速器内有三对相互吻合的齿轮，它们的中心距相等，但各对齿轮的速比不同，扳动调节手柄时，可得到三种不同的旋转速度。它的用途主要是搅打鸡蛋、奶油和制面团等。

2）强力万能搅拌机。强力万能搅拌机具有切片、粉碎、揉制、搅打等功能，是揉制面团、制作面包的主要机械之一。它的特点是功能多，使用范围广。强力万能搅拌机的构造与专用搅拌机基本相同，只是在机身上部设有用来装接各种加工笼头的空槽。大桶的容量可达20 L以上，具有三段变速功能。

3）压面机。压面机是由机身架、电动机、传送带、轴具调节器等部件构成。压面机的功能是将揉制好的面团通过压辊之间的间隙，压成所需厚度的皮料以便进一步加工。

4）分割机。分割机构造比较复杂，有各种类型，主要用途是把初步发酵的面团均匀地进行分割，并制成一定的形状。分割机的特点是分割速度快，分量准确，成形规范。

5）冰淇淋机。冰淇淋机是由机身框架、电动机、制冷装置、搅拌桶和定时器等部件组成。冰淇淋机型号很多，一般搅拌桶一次能制作3～5 L冰淇淋。

（2）机械设备的使用与保养

1）设备使用前要了解设备的机械性能、工作原理和操作规程，严格按规程操作，一般情况下都要进行试机，检查运转是否正常。

2）机械设备不能超负荷地使用，应尽量避免长时间不停地运转。

3）有变速箱的设备应及时补充润滑油，保持一定的油量，以减少摩擦，避免齿轮磨损。

4) 设备运转过程中不可强行扳动变速手柄，改变转速，否则会损坏变速装置或传动部件。

5) 要定期对主要部件、易损部件、电动机传动装置进行维修检查。

6) 经常保持机械设备清洁，对机械外部的清洁可用弱碱性温水进行擦洗，清洗时要断开电源和防止电动机受潮。

7) 设备运转过程中听到异常声音应立即停机检查，排除故障后再继续操作。

8) 设备上不要乱放杂物，以免异物掉入机械内损坏设备。

4. 衡温设备

衡温设备是制作西点不可缺少的设备，主要用于原料和食品的发酵、冷藏和冷冻，常用的有发酵箱、电冰箱、电冰柜等。

(1) 发酵箱。发酵箱型号很多，大小也不尽相同。发酵箱的箱体大都是不锈钢制成的，由密封的外框、活动门、不锈钢管托架、电源控制开关、水槽和温度、湿度调节器等部件组成。发酵箱的工作原理是靠电热丝将水槽内的水加热蒸发，使面团在一定的温度和湿度下充分地发酵、膨胀。发酵面包时，一般要先将发酵箱调节到理想温湿度后方可进行发酵。发酵箱在使用时水槽内不可无水干烧，否则设备会遭到严重的损坏。发酵箱要经常保持内外清洁，水槽要经常用除垢剂进行清洗。

(2) 电冰箱。电冰箱是现代西点制作的主要设备，按构造分有直冷式和风冷式两种，按用途分还有保鲜冰箱和低温冷冻冰箱，无论哪种冰箱都是由制冷机、密封保温外壳、门、橡胶密封条、可移动货架和温度调节器等部件构成。风冷式冰箱有不结霜、易清理等优点，冰箱内的温度比直冷式要低。保鲜冰箱通常用来存放成熟食品和食物原料，低温冷冻冰箱一般用来存放需要冷冻的原料和成熟食品。

1) 电冰箱的使用与保养。电冰箱应放置在空气流通处，箱体四周至少留有10～15 cm以上的空间，以便通风降温。冰箱内存放的东西不宜过多，存放是要生熟分开，堆放的食品要留有空隙，以保持冷气畅通。食品放凉后方可放入冰箱，要尽量减少冰箱门的开关次数。关门时必须关紧，以使内外隔绝，保持箱内的低温状态。除此之外，电冰箱在使用过程中，还应做好日常保养工作。

2) 要及时清除蒸发器上的积霜，结霜厚度达到4～6 mm时就要除霜。除霜时要断开电源，把存放在冰箱内的食品拿出来，使结霜自动融化。

3) 冰箱制冷系统管道很长，有些细管外径只有1.2 mm。拆装或搬运时不慎碰撞，都能造成管道破损、开裂，使制冷剂泄漏或使电气系统出现故障。冰箱制冷达不到要求大都是由于制冷液泄漏引起，因此要经常对冰箱管道进行检查，如发现问题，要请专业人员进行维修检查。

4）冰箱在运行中不得频繁切断电源，这样会使压缩机严重超载，造成压缩泵机械的损坏与驱动电机损坏。

5）停用时电冰箱要切断电源，取出冰箱内食品，融化霜层，并将冰箱内外擦洗干净，风干后将箱门微开，用塑料罩罩好，放在通风干燥处。

5. 各式案台

案台又称案板，它是制作西点的工作台。由于材料的不同，目前常见的案台有四种：木质案台、大理石案台、不锈钢案台和塑料案台。

（1）木质案台质地软，酵面类制品多用此种案台。

（2）大理石案台表面平整、光滑，散热性能好，抗腐蚀力强，是做糖活的较好设备。

（3）不锈钢案台美观大方、卫生整洁、平滑光亮、传热性能好，是目前各大饭店采用较多的工作台。

（4）塑料案台质地较软，抗腐蚀性强，不易损坏，加工制作各种制品都较适宜，其质量优于木质案板。

此外各种炉灶等也是西点制作的常用设备。

11.2.2 常用工具的使用与保养

制作西点的工具很多，每种工具都具有特殊的功能，人们借助于这些工具可以制作出造型美观、各具特色的西点。

1. 刀具

刀具是西点生产工艺中经常使用的工具，一般用薄钢板或不锈钢板制成。按形状和用途可分为分刀、抹刀、锯刀、刮刀、滚刀。

（1）分刀（见图11—1）。它是由不锈钢薄板制成，有大小之分，多用于蛋糕、果排和原料的分割。

牛刀　总长360刃长250

牛刀　总长400刃长270

图11—1　分刀

(2) 抹刀（见图11—2）。它是由弹性较好的不锈钢薄板制成，无刀刃，是制作奶油蛋糕时抹面或其他装饰的专用工具。

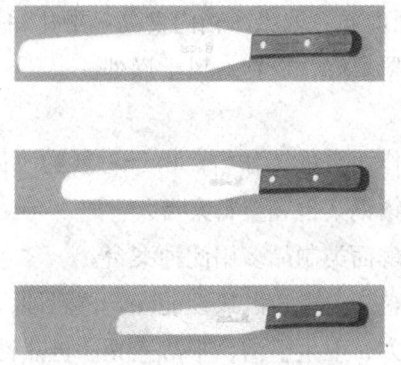

图11—2 抹刀

(3) 锯刀（见图11—3）。它是用来对酥、软的制成品进行分割的工具，可保证被分割制品形态的完整。

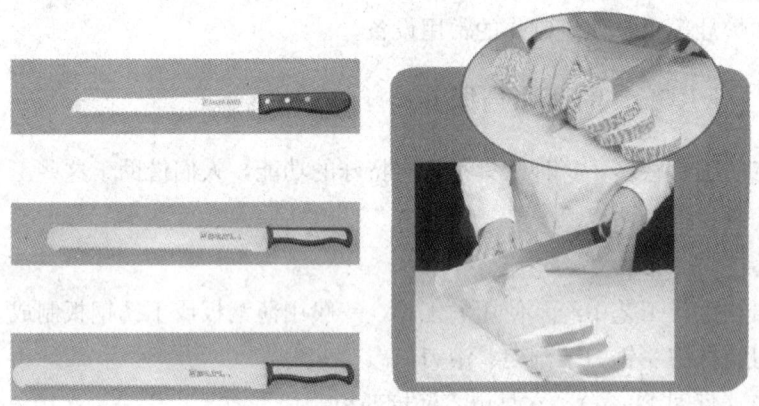

图11—3 锯刀

(4) 刮刀（见图11—4）。它是无刃刀具，主要用于手工调制少量面团和清理案板、制作面包时切面包用。

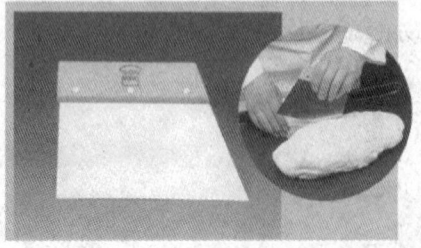 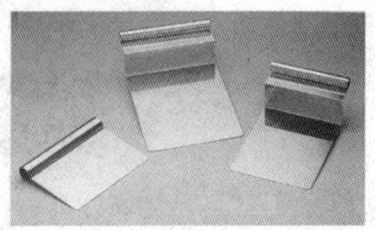

图11—4 刮刀

(5) 滚刀（见图11—5）。制作清酥类点心、混酥类点心时切面片、切面条用。

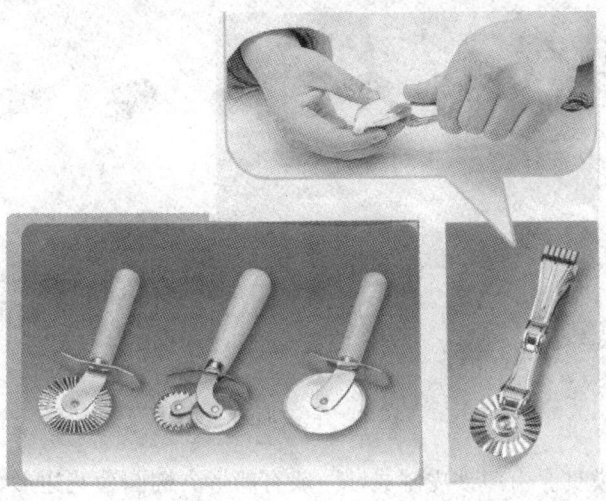

图11—5 滚刀

2. 模具

西点模具的种类很多，常见的有烤盘、蛋糕模具、面包模具、小型糕点模具、专用糕点模具、裱花袋、各种花嘴、花戳等。

(1) 烤盘。烤盘是烘烤制品的主要模具，由白铁皮、不锈钢板等材料制成，有高边和低边之分。烤盘的大小是由炉膛的规格限定的。

(2) 蛋糕模具（见图11—6）。蛋糕模具是由不锈钢、马口铁制成，主要用于蛋糕坯的成形。

图11—6 蛋糕模具

(3) 面包模具。面包模具一般是用薄铁皮制成的，有带盖和无盖之分，规格大小不一（见图11—7）。一般无盖的模具为空心梯形模具，主要用于制作主食大面包，还可以作为黄油蛋糕、巧克力蛋糕的模具。有盖的面包模具一般为长方体空心形，是制作吐司面包的专用模具。

图 11—7　面包模具

(4) 小型点心模具。由薄铁皮制成，一般有船形、椭圆菊花边形、圆形、圆菊花边形等（见图 11—8），常用来制作水果塔或油料、果料蛋糕，也可用于制作冷冻食品。

图 11—8　小型点心模具

(5) 专用烤制模具（见图 11—9）。一般采用白铁皮制作，是制作油蛋糕、布丁等具有特殊风味西点的模具。

(6) 裱花嘴（见图 11—10）。多用不锈钢片、黄铜片制成，形状很多，规格大小不一。常用的有扁形、圆形、锯齿形等，是制作奶油蛋糕、裱制奶油花、挤各种图案、花纹和填馅不可缺少的工具之一。

图 11—9 专用烤制模具

(7) 裱花布袋（见图 11—11）。是用细布或油布缝制或粘制而成的圆锥形口袋，在锥形尖处剪去一小块用来放置裱花嘴，常用来裱花、挤泡芙料、挤饼干等，是与裱花嘴配套的工具。

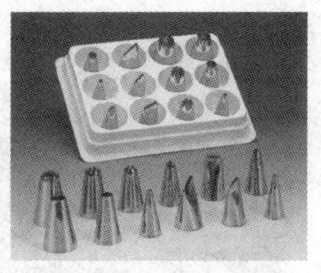

图 11—10 裱花嘴

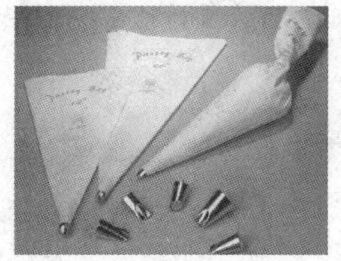

图 11—11 裱花布袋

(8) 压制模具（见图 11—12）。由不锈钢片制成，有圆边和菊花边之分，形状有圆形、椭圆形、多边形等，一般为成套盒装，规格从直径 2～10 cm 不等，其用途是对擀制好的各种坯料进行初步加工，使其成为特定的形状。

3. 其他工具

(1) 各种衡器。常见的衡器有台秤、电子秤等，主要用于称量原料、成品的重量。

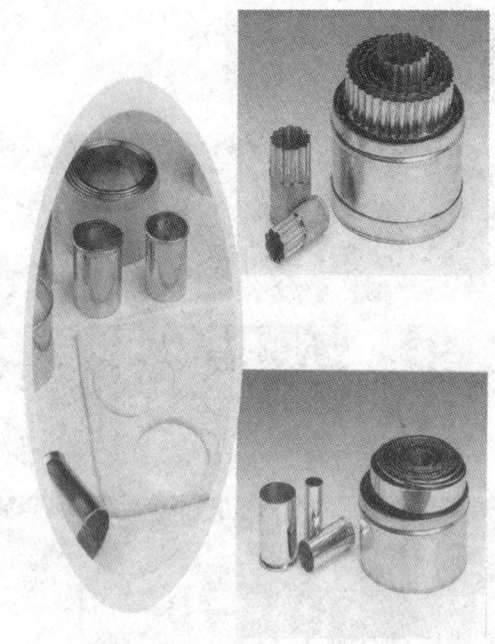

图 11—12　压制模具

(2) 擀面用具（见图 11—13）。各种擀面用具多是木质材料制成的圆而光滑的制品，常见的有通心槌、长短擀面杖等，主要用于清酥、混酥、饼干等面坯的擀制及各种花色点心、面包的制作。

(3) 搅板（见图 11—14）。是用木质材料或橡皮、塑胶制成，用于搅拌各种较稀或较软的物料，如泡芙糊、翻砂糖等。有大、中、小三种，形状上细窄下扁宽。

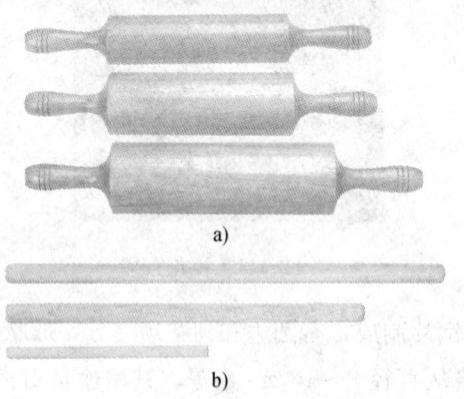

图 11—13　擀面用具
a) 通心槌　b) 长短擀面杖

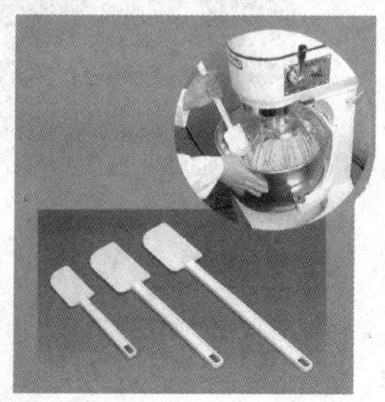

图 11—14　搅板

（4）抽子（打蛋器）。如图11—15所示，它是用多条钢丝捆扎在一起制成的，大小规格不同，有木把铁把之分，是抽打蛋糊、奶油和搅拌物料的常用工具。

（5）调料盆（打蛋盆）。有平底和圆底之分，用不锈钢制成，主要用于调拌各种面点配料，搅打鸡蛋、奶油，盛装各种原料等，如图11—16所示。

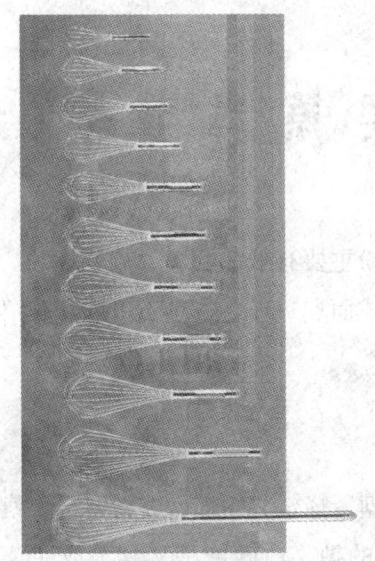

图11—15 抽子

图11—16 调料盆

（6）平底铜锅。是烫面糊，制点心馅、酱和熬糖等半成品的理想工具。它以厚铜板冲压而成，有大、中、小之分。铜锅具有传热均匀，不宜糊底的优点。

（7）漏斗。一般为圆锥形，多用不锈钢制成，其用途主要是过滤各种沙司及液体配料。

（8）撒粉罐。用薄铁皮制成，一般规格高12 cm、直径6.5 cm，上有可活动并且带眼的盖，主要用来撒糖粉、可可粉、面粉等干粉。

（9）戳眼器。是用圆木和钢钉组合而成的，有可活动的把。主要用于西点制作时的戳空，目的是使制品在烘烤时能均匀地起发。

此外，网筛、剪刀、蛋糕托、蛋糕分割器、塑料刮板、各种刷子、挖心器、挖球器、冰激凌勺等也是西点中常用的工具。

4. 工具的保养

（1）常用工具不能乱用、乱堆、乱放，工具用过后，应根据不同类型分别定点存放，不可混放在一起。如擀面杖是、网筛、裱花布袋与刀剪等利器存放在一起，不小心会使擀面杖受损，网筛、裱花布袋被扎破。

(2) 铁制、钢制工具存放时，应保持干燥清洁，以免生锈。

(3) 工具使用后，对附在工具上的油脂、糖膏、蛋糊、奶油等原料，应用热水冲洗和擦干。特别是直接接触熟制品的工具，要经常保持清洁和消毒。生熟食品的工具和用具必须分开保存和使用，否则会造成食品污染。

11.3 主要原料

面粉也是西式面点的主要原料，西点用的面粉主要有低筋面粉、中筋面粉、高筋面粉和一些特殊面粉，如全麦面粉、蛋糕粉等，和中式面点一样，这里不再展开介绍。

11.3.1 糖

1. 常用糖的种类

西点常用的糖及其制品主要由白砂糖、绵白糖、蜂蜜、饴糖、淀粉糖浆、糖粉等。

(1) 白砂糖。简称砂糖，是西点使用最广泛的糖。白砂糖是从甘蔗或甜菜中提取糖汁，经过过滤、沉淀、蒸发、结晶、脱色、干燥等工艺而制成。白砂糖为白色粒状晶体，纯度高，蔗糖含量在99％以上。白砂糖按其晶粒大小又有粗砂、中砂、细砂之分。

(2) 绵白糖。是由细粒的白砂糖加适量的转化糖浆加工制成的。绵白糖质地细软，色泽洁白，具有光泽，甜度较高，蔗糖含量在97％以上。

(3) 蜂蜜。是由花蕊的蔗糖经蜂蜜唾液中的蚁酸水解而成。主要成分为转化糖，含有大量果糖和葡萄糖，味极甜。蜂蜜为透明或半透明的黏液体，带有芳香味，在西点制作中一般用于有特色的制品。

(4) 饴糖。又称糖稀、麦芽糖浆。一般以谷物为原料，利用淀粉酶或大麦芽酶的水解作用制成，其主要成分为麦芽糖和糊精。饴糖一般为浅棕色的半透明黏稠物体，其甜度不如蔗糖，但能代替蔗糖使用，用于派类等制品中，饴糖还可作为点心、面包的着色剂。饴糖的持水性强，具有保持点心、面包柔软性的特点。

(5) 淀粉糖浆。又称葡萄糖浆、化学稀等。它通常是用玉米淀粉加酸或加酶水解，经脱色、浓缩而制成的黏稠液体，主要成分为葡萄糖、麦芽糖和糊精等，易为人体吸收。

(6) 糖粉。糖粉是蔗糖的再制品，为纯白色粉状物，味道与蔗糖相同。糖粉在西点中可代替白砂糖和绵白糖使用，也可以用于点心的装饰及制作大型点心的模型等。

2. 糖的性能

糖类原料的性能主要有易溶性、渗透性和结晶性。

(1) 易溶性。又称溶解性，是指糖类具有较强的吸水性，极易溶解在水中，糖类的溶解性一般以溶解度来表示，不同种类的糖的溶解度也不同，果糖最高，其次是蔗糖、葡萄糖。糖的溶解度随温度的升高而增加。

(2) 渗透性。渗透性是指糖分子很容易渗透到吸水后的蛋白质分子或其他物质中间，并把已吸收的水排挤出去形成游离水的性能。糖的渗透性随着糖液浓度的增高而增加。

(3) 结晶性。结晶性是指在浓度高的糖水溶液中，已经融化的糖分子又会重新结晶的特性。蔗糖易结晶，为防止糖类制品的结晶，可加入适量的酸性物质，因为在酸的作用下部分蔗糖可转化为单糖，单糖具有防止蔗糖结晶的作用。

3. 糖的作用

(1) 增加制品甜味，提高营养价值。糖在西点制品中具有增加甜味的作用，不同种类的糖其甜度不同，如蔗糖的甜味为 100 的话，果糖为 173，葡萄糖为 74，饴糖为 32。糖在西点中的营养价值在于它的发热量，100 g 糖在人体内可产生 1 673.6 kJ 热量。

(2) 改善点心的色泽，装饰美化点心的外观。蔗糖具有在 170℃ 以上产生焦糖的特性，因此，加糖的制品容易产生金黄色或黄褐色。此外糖及糖的再制品（如糖粉）对点心成品的表面装饰也有重要作用。

(3) 调节面筋筋力，控制面团性质。糖还具有渗透性，面团中加入糖，它不仅吸收面团中的游离水，而且易渗透到吸水后的蛋白质分子中，使面筋蛋白质中的水分减少，面筋形成度降低，面团性减弱，大约每增加 1% 的糖量，面粉吸水率降低 0.6% 左右。所以说糖可以，调节面筋筋力，控制面团的性质。

(4) 调节面团发酵速度。糖可作为发酵面团中酵母菌的营养物，促进酵母菌的生长繁殖，产生大量的二氧化碳气体，使用制品膨大酥松。加糖量的多与少，对面团发酵速度有影响，在一定范围内，加糖量多发酵速度快，反之则慢。

(5) 防腐作用。对于有一定糖浓度的制品（如各种果酱等），由于糖的渗透性能使微生物脱水，发生细胞的质壁分离，产生生理干扰现象，使微生物的生长发育受到抑制，能减少微生物对糖制品造成的腐败。因此，糖的成分高、水分含量又少的制品，存放期长。

4. 糖的品质检验及保管

(1) 品质检验。优质白砂糖色泽洁白明亮，晶粒整齐、均匀、坚实，水分、杂质和还原糖的含量较低，溶解在清净的水中应清澈、透明，无异味。绵白糖色泽洁白，晶粒细小，质地绵软易溶于水，无杂质、异味。蜂蜜色淡黄，呈半透明的黏稠液体，味甜，无酸味、酒味和其他无味。饴糖呈浅棕色的半透明黏稠液体，无酸味和其他异味，洁净无杂质。

（2）保管。糖很容易受外界温度的影响，特别是西点常用的白砂糖、绵白糖，在保管中易发生吸湿融化和干缩结块的现象。

糖的吸湿融化，是指糖在湿度较大的环境中储存，糖便吸收空气中的水分，使糖发黏。糖的吸湿性与糖中所含还原糖、灰分的多少有密切关系。

糖的干缩结块，是糖受潮后的另一变化。即受潮后的糖，遇到干燥环境保存时，糖的表面水分散失，糖重新结晶，使松散的糖粒粘在一起，形成坚硬的糖块。

为防止蔗糖在保管中的吸湿溶化和干缩结块，蔗糖应在干燥、通风、无异味的环境中保存，注意保管环境的温度、湿度及清洁，要防蝇、防鼠、防尘、防异味。放在容器中的糖要加盖，或用防潮纸、塑料布等隔潮，以防外界潮气的侵入。糖粉的保管，还要注意避免重压或在温差大的环境下存放。蜂蜜、饴糖、淀粉糖浆更要密封保管，防止污染。

11.3.2 油脂

1. 油脂的种类

油脂是西点制品的主料之一。面包、点心制作中常用的油脂有黄油、人造黄油、起酥油、猪油、植物油等，其中黄油的用途最广。为提高制品工艺性能，满足某些制品的特殊要求，人造黄油已越来越多地被人们采用。

（1）黄油。又称"奶油""白脱油"，它是从牛乳中分离加工出来的一种比较纯净的脂肪。常温下，外观呈浅黄色固体，高温软化变形，其含脂率在80%以上，融化程度在28~33℃之间，凝固点为15~25℃，具有奶脂香味。由于它含有丰富的蛋白质和卵磷脂，因此，亲水性强，乳化性能好，营养价值高。用于西点，面团可塑性、松酥性增强，制品组织松软滋润。

（2）人造黄油。人造黄油是以氢化油为主要原料，添加适量的牛乳或乳制品、香料、乳化剂、防腐剂、抗氧化剂、食盐和维生素，经混合、乳化等工序而制成的。它的乳化性、融化温度、软硬度等可根据各种成分配比来调整，一般的人造黄油融化温度为35~38℃。

（3）起酥油。起酥油是指精炼的动、植物油脂、氢化油或这些油脂的混合物，经混合、冷却、塑化而加工出来的具有可塑性、乳化性等加工性能的固态或流动性的油脂产品。起酥油一般不直接食用，是制作酥点的极好原料。起酥油种类很多，有高效稳定性起酥油、溶解型起酥油、流动起酥油、装饰用起酥油、面包用起酥油、蛋糕用液体起酥油等。

（4）猪油。猪油主要指的是以猪板油为原料提炼出来的脂肪。纯净的猪油，色泽洁白光亮，质地细腻，含脂率高，溶化温度为32℃左右。它具有较强的可塑性，但气泡性能较差，故不能做膨松制品发泡原料。

（5）植物油类。植物油中主要含有不饱和脂肪酸，常温下为液体，其加工工艺性能不如动物油脂，一般多用于油炸类产品和一些面包类的生产。目前饭店中常用的植物油有色拉油、花生油等。

2. 油脂的性能

油脂具有疏水性和游离性。油是疏水的非极性分子，水是极性分子，两者混合互不相容。面团加入油脂，油脂便分布包围在蛋白质、淀粉颗粒表面，形成油膜，阻止面粉吸水。这种疏水性使蛋白质不易生成面筋，降低了面团的弹性和延伸性，增强了疏散性和可塑性。油脂的游离性与温度有关，温度越高，油脂游离性越大。在食品加工中，正确运用油脂的疏水性和游离性，制定合理的用油比例，有利于制出理想的产品。

3. 油脂的作用

油脂的用途主要体现在以下几方面：

（1）增加营养，补充人体热能，增进食品风味。

（2）在饼干等酥性面团中添加适量油脂，可以调节面筋的胀润度，降低面团的筋力和黏度。

（3）增加面团的可塑性，有利于点心的成形。

（4）面团中加入适量油脂，可以保持产品组织的柔软，延缓淀粉老化的时间，延长点心的保存期。

4. 常用油脂的品质检验与保管

在实际工作中，油脂的品质检验一般多用感官检验。

（1）色泽。品质好的植物油色泽微黄，清澈明亮。质量好的黄油色泽淡黄，组织细腻光亮，奶油则要求洁白有光泽较浓稠。猪油凝固时为乳白色，溶化后为淡黄色。

（2）滋味。品尝时植物油应有植物本身香味，无异味和哈喇味。黄油和奶油应有新鲜的香味，爽口润喉的感觉，猪油口味肥美，无肉腥味。

（3）气味。植物油脂应有植物清香味，加热时无油烟味。动物油有其本身特殊香味，要经过脱臭后方可使用。

（4）透明度。植物油脂无杂质、水分，透明度高，动物油脂溶化时清澈见底，无水分析出。

食用油脂在保管不当的条件下，品质非常容易发生变化，其中最常见的是油脂酸败现象。为防止油脂酸败现象的发生，油脂的保管应在低温、避光、通风处，避免与杂质接触，尽量减少存放时间以确保油脂品质。

11.3.3 鸡蛋

蛋品是生产西点的重要原料，常见的蛋品主要包括鸡蛋、鸭蛋、鹅蛋，在面点制作中运用最多的是鲜鸡蛋。

1. 鸡蛋的性能

（1）乳化性。蛋的乳化性主要是蛋黄中卵磷脂的作用，卵磷脂具有亲油和亲水的双重性质，是非常有效的乳化剂，因此，加入鸡蛋的点心组织细腻、质地均匀。

（2）蛋白的起泡性。蛋白经机械搅打具有良好的起泡性，它能将搅打过程中混入的空气包围起来而形成泡沫。在一定条件下，机械搅打越充分，鸡蛋中混入的空气越多，鸡蛋的体积越大。

（3）光泽作用。蛋在加热情况下易形成凝固体，这种凝固体有较强着色性。

（4）黏结作用。蛋品含有大量蛋白质，蛋白质受热凝固，能使蛋液黏结面团，产品成熟时不会分离，保持产品的形态完整。

2. 鸡蛋的作用

（1）提高制品营养价值。蛋中含有大量蛋白质、脂肪、矿物质和多种维生素，是人体不可缺少的营养物质。

（2）增加制品的蛋香味。点心、面包中加入鸡蛋，可以使制品增加鸡蛋固有的香味。

（3）改善点心色泽，保持制品的柔软性。点心、面包入炉前在表面涂抹蛋液，不仅能改善制品表面色泽，产生光亮的黄金色或黄褐色，而且能防止点心、面包内部水分的蒸发，保持制品的柔软性。

（4）改进制品内部组织状态。如蛋白的起泡性，可增加制品的体积，有利于点心内部形成蜂窝结构，提高制品的疏松度。

3. 蛋的品质检验与保管

（1）品质检验。蛋的品质好坏，取决于蛋的新鲜程度，鉴别蛋的新鲜程度一般有4种方法，即感观、振荡法、比重法、光照法。感观法多用于食品加工中，主要从4个方面对鸡蛋的品质加以鉴定：

1）蛋壳状况。新鲜蛋的蛋壳，壳纹清晰，手摸发涩，表面洁净而有天然光泽，反之是陈蛋。

2）蛋的重量。对于外形大小相同的蛋，重者为新鲜蛋，轻者为陈蛋。

3）蛋的内容物状况。新鲜蛋打破倒出，内容物黄、白、系带等完整地各居其位，蛋白浓厚，无色，透明。

4）气味和滋味。新鲜蛋打开倒出内容物无不正常气味，煮熟后蛋白无味，色洁白，蛋黄味淡而香。

（2）蛋的保管。引起蛋类变质的因素主要有储存温度、湿度、蛋壳气孔及蛋内的酶。因此，保管时必须设法闭塞蛋壳气孔，防止微生物侵入，同时注意保持适宜的温度、湿度，以抑制蛋内酶的作用。

保管鲜蛋的方法很多，饭店一般多采用冷藏法，温度在0℃左右，湿度为85%。此外，为保持蛋的新鲜，储存时不要与有异味食品放在一起，不要清洗后储存，以防破坏蛋壳膜，引起微生物侵入。总之，为保持蛋的新鲜，不管采用哪种方法存放，时间都不宜过长。

11.3.4 乳品

1. 乳品的种类

乳品是西点制品常用的辅助原料，一般常见的乳品有牛奶、酸奶、炼乳、奶粉、鲜奶油、起司等。

（1）牛奶。牛奶又称牛乳，是白色或稍黄色的不透明液体，具有特殊的香味。乳中含有丰富的蛋白质、脂肪和多种维生素及矿物质，还有一些胆固醇、酶及磷脂等微量成分。牛奶易被人体消化吸收，有很高营养价值，是西式面点常用原料。

（2）酸奶。酸奶是将牛奶经过特殊处理发酵而成的，发酵的牛奶有令人愉快的酸味，这是由于乳糖分解为乳酸的缘故，这种变化是由细菌作用产生的。酸奶的营养价值与牛奶的营养价值相同，常用于西式早餐和制作一些特殊风味的蛋糕。

（3）炼乳。炼乳有甜炼乳和淡炼乳两种，在饭店中以甜炼乳用途最多，常用于制作布丁之类的甜食。

（4）奶粉。奶粉是以鲜奶为原料，经过浓缩后用喷雾干燥或滚筒干燥制成。奶粉有全脂、半脂和脱脂三种类型，奶粉广泛用于面包制作。

（5）鲜奶油。奶油是从鲜牛奶中分离出来的乳制品，一般呈乳白色稠状液体，乳香味浓，具有丰富营养价值和食用价值。

（6）起司。是英文cheese的译音，又称奶酪、乳酪等，它是奶在凝化酶的作用下，奶中的酪蛋白凝固，在微生物与酶的作用下，经较长时间的生化变化而加工制成的一种乳品。起司营养价值很高，含有丰富的蛋白质、脂肪、钙、磷和维生素。起司在西点的制作中，主要用于奶油起司饼、起司条、起司蛋糕等制品的制作。

2. 乳品的性能

（1）乳化性。乳品的乳化性，主要是乳品中的蛋白质含有乳清蛋白的缘故。乳清蛋白在食品中可作为乳化剂，能降低油和水之间的界面张力，形成均匀稳定乳浊液。

（2）抗老化性。奶粉含有大量蛋白质，它能使面团的吸水率增强，面筋性能得到改善。

3. 乳品的作用

（1）乳品能改善制品组织，使制品柔软疏松，富有弹性。

（2）乳品具有起泡性，使制品体积增大。

（3）奶粉能提高面团的吸水率，使制品的出品率提高。

（4）奶粉是面包、点心、饼干的着色剂。

（5）奶粉能延缓制品老化，提高制品营养价值。

4. 乳品品质检验与保管

（1）牛奶。优质牛奶呈乳白质，略有甜味并有鲜奶香味，无杂质、异味。由于牛奶含水量高，常温下极易繁殖细菌而酸败变质，故要低温储存。

（2）酸奶。优质酸奶成均匀的半固态，乳白色，无杂质、异味，味稍甜并带有酸奶香味，一般宜低温储存。

（3）炼乳。为白色或淡黄色黏稠液体，色泽均匀，口味纯正，无脂肪上浮，无霉斑、异味，宜储存在低温、通风、干燥处。

（4）奶粉。质量好的奶粉为白色或浅黄色的干燥粉末，奶香味纯净，无杂质、结块、无异味。由于容易吸潮结块和吸收环境中的异味，所以保管时要密封、避热，在通风良好的环境中储存，同时注意不与有异味的物品放一起。

（5）鲜奶油。优质的鲜奶油气味芳香、纯正，口味稍甜，质地细腻，无杂质、结块，宜低温冷藏。

（6）起司。优质起司气味正常，内部组织紧密，切片整齐不碎，宜冷藏储存。蜡皮完好的起司可较长时间冷藏，去掉蜡皮包装后应及时使用，不宜长时间存放。优质的起司，口感有一种怪异的香味。

11.4 成品成熟的基本原理

11.4.1 成品加热过程中的热传递形式

在点心、面包生产的加热过程中，能源、炉灶、烤盘、传热介质以及点心坯料的内部进行着频繁的热量的交换，这种热交换大致有三种形式，最终目的是使制品成熟。

1. 热传导

热传导是由物体内部分子和原子的微观运动所引起一种热量转移方式，是物体较热部分的分子受热振动与相邻的分子相碰撞，而使热量从物体的较热部分传到较冷部分的过程。热传导是固体中热交换的主要形式。

2. 对流换热

由于流体微团改变空间位置所引起的流体和固体壁面之间的热量传递过程称为对流换热。对流换热是液体或气体进行热交换的主要形式，它可分为自然对流和强制对流两种形式。

3. 辐射换热

辐射换热是指通过载能电磁波使物体间发生热交换的过程。辐射换热与热传导、对流换热不同，热传导和对流换热只发生在温度不同的物体接触时，而热辐射无须直接接触原料就能发生热交换，其辐射强度与原料距离、环境温度有关。

热交换的基本形式不是孤立存在和单独进行的，而是由基本过程组合而成的复合过程。在实际工作中，随着温度的变换，三种传热方式或以一种方式为主，其他一到两种方式为辅；或三种传热方式同时发生。

11.4.2 不同的传热介质

各种点心的热加工，除热传递的三种基本形式外，还需要经过传热介质。一般情况下，传热介质可以分为液体、气体和固体三种物理状态，常使用的传热介质有水、油、空气等。

1. 液体传热介质

（1）以水为介质的传热。这种传热是指水在受热后温度升高，使浸没在水中的原料接受热量，从而达到热加工的目的。以水为介质的传热方式主要是对流换热，烹调方法有煮、烩、焖等。

（2）以油为介质的传热。油在受热后温度升高并使原料受热，从而达到热加工的目的，这种传热也是靠对流的作用。由于油的沸点较高，用油做介质传热时，原料表面温度会迅速达到100℃以上。较高的油温可迅速驱散原料表面或内部的水分，使菜点具有酥脆的特色。以油为介质传热的烹调方法主要有炸、煎等。

2. 气体传热介质

（1）以水蒸气为介质的传热。蒸汽是达到沸点而汽化的水，这种传热方式实际上就是以水为介质传热的发展。以水蒸气为介质传热也是对流换热的传递方式，传热空间的温度高低要决定于气压的高低和火力的大小。一般情况下，蒸汽压力越大，温度也就越高。

"蒸"是这种传热方式的主要烹调方法。

(2) 以空气为介质的传热。这种传热方式是以热空气对流的方式对原料进行的处理，如各种烘箱、烤炉的传热。它们的传热过程是：烘箱、烤炉的热源发出热量时，首先以辐射的方式将热传递给加热的原料，然后随着热量的不断发出，烘箱、烤炉内的空气逐渐加热，使其与原料间热空气的对流不断进行，最终使原料制品成熟。

以空气为介质的传热温度范围很宽，根据原料的质量，制品的大小、特点，温度一般在60～350℃之间。

3. 固体传热介质

(1) 以金属为介质的热传递。此种介质的热传递是将加工好的原料或半成品放在金属板上或其他金属器具里，使热量传入原料或半成品内部。这种热传递形式温差极大，可收到特殊效果。

(2) 利用颗粒状固体为介质的热传递。这种传热方式是传导受热，作为传热介质的颗粒状固体主要是盐、砂粒等。盐和砂粒受热后温度比水高，但它不会像液体那样对流，因此，要不断翻动加热原料才能使被加工的原料受热均匀。

11.4.3　原料受热过程中的理化变化

各种面点原料受热时都有一个由表及里的传热过程，在此过程中，由于温度、传热介质等条件不同，所发生的物理、化学的变化也各不相同，有的发生物理变换，有的发生化学变化，有的物理与化学变化同时发生。一般情况下，物理变化中有化学变化，物理变化为化学变化创造条件；化学变化时各种化学元素、化合物之间发生变化，生成新的化合物，使菜点原料形成新的物理状态。因此说，原料在加热过程中的理化变化时极其复杂的，但归纳起来，原料受热后一般发生物理分散、水解、凝固、氧化等物理、化学变化，其中最明显的是原料受热后水分的扩散，即原料中的水分或有机溶剂分子所发生的迁移。

原料受热后所发生的物理分散作用，包括原料的吸水、膨胀、分裂和溶解等。如淀粉在温水或沸水中的吸水膨胀就是淀粉受热后物理分散作用的结果。

当原料在水中加热时，原料中的部分化学成分将发生水解作用，如肉类中的蛋白质因水解而产生各种氨基酸，制品成熟后带有鲜味；又如面粉中的淀粉经水解作用后产生糊精和糖类，使其制品成熟后带有甜味。

原料中的水溶性蛋白质受热后即可逐渐凝固，如蛋清加热后所形成的蛋白，就是利用了蛋白质受热凝固的性质。

原料中的脂肪与水一起加热时，一部分脂肪将水解为脂肪酸和甘油，如果再加入酒、醋等调味料，则能与脂肪酸化合而形成有芳香气味的酯类。酯类比脂肪容易挥发，并具有芳香气味，如鱼、肉等原料在加热时散出的香味，就是酯化作用的结果。

原料中所含的各种维生素在与空气接触时容易被氧化破坏而失去营养价值，受热时氧化更快，特别是维生素C最易破坏。所以对于所含维生素较多的原料在熟制时，应尽量避免与空气接触和加热时间过长。

原料受热后的理化变化，在制品品质上主要体现在两个方面，即制品表面和制品内部的变化。如烘烤清蛋糕坯，坯料表面由于受到高温的影响，坯料表皮水分子发生扩散，面粉中淀粉由于水解形成糊精，坯料中的糖产生焦化，因此，清蛋糕的表皮经加热后而形成金黄色。蛋糕内部，由于不直接接触高温，因此受高温影响较小，水分扩散不多，但发生水分子的再分配作用。与此同时，坯料中的淀粉发生糊化作用，鸡蛋中的蛋白质出现凝固，坯料内部含有的无数气泡，受热而膨胀，因此，蛋糕成熟后，制品富有弹性并具有海绵状的松软结构。

11.5 其他相关知识

11.5.1 安全生产及防护知识

安全生产是企业管理的重要组成部分，它是经营工作能顺利运转的基本保证，只有实现了安全生产才能达到生产目的。安全生产包括厨房设备的合理布置、合理使用等内容。

1. 厨房设备的合理布局

厨房常用设备主要包括烘烤设备、机械设备和冷藏设备等。这些设备的布置要本着使用方便、提高工作效率、确保安全的原则而进行。

（1）烘烤设备的合理布置。烘烤设备是厨房的大型设备，摆放时应放置在显著位置上。这种设备的周围应留有一定空间，以便对设备进行清理维修和保养。烤箱门前必须留有便于操作者送取制品的距离，既能保证成熟制品顺利地取出，保持制品形态完整，还能避免操作人员烫伤。此外烘烤设备通气孔的上方，不应有电线通过，否则通气孔长期排放的热气会使电线老化漏电，造成事故。

（2）机械设备的合理布置。厨房的机械设备常用的有搅拌机、冰激凌机等。它们应摆放在离工作台较近的位置上，目的是便于操作。如搅拌机主要是用来搅打蛋糊，搅拌各种面团，如果距工作台较远则制品不能及时进行成形与烘烤，这样不仅会造成时间的浪费，还会影响有些产品的质量。

机械设备安装时应尽量减少外露的电线,以防电动机、元器件受潮而引起漏电。

(3) 冰箱的合理布置。冰箱是厨房常用的冷藏设备,这类设备应摆放在水汽和油烟气少的干燥环境中,因为潮湿的环境会使电冰箱生锈,电气部分绝缘性能下降,严重时会导致电器线路短路。这样,不但影响正常使用,而且容易造成人身伤害和设备损坏。

冰箱应远离烤箱和煤气灶,避免阳光直射,如果电冰箱长期处于高温状态下,就会影响冷凝器散热,降低冰箱制冷的性能。

(4) 煤气灶具的合理布置。煤气灶具是加热和制作点心沙司的常用设备,煤气灶具的使用除了严格执行煤气公司的有关规定外,煤气灶具的上方不能有电线通过,还要安装通风设备和管道,其目的是预防火灾事故的发生,防止煤气燃烧不充分而给人体带来的损害。

在西点生产中,烤箱、煤气和机械设备,除合理布置、安全生产外,还要注意定期的检查和保养,这也是安全生产防护措施之一。

2. 设备、电和煤气的安全使用

(1) 机械设备的安全使用

1) 设备使用前应检查易损零部件是否完好,如发现异常应及时拆换和修理。

2) 开机前要检查电器开关盒保险装置,若有损坏和短缺时,要采取相应措施。如发现电器受潮或沾水时,应切断电源,擦净干燥后再使用,否则会因漏电而发生危险。

3) 开机前应检查和清理场地,避免其他杂物卷入机内造成事故。

4) 操作机器时操作人员必须戴好工作帽,束紧工作衣,以防头发和工作服卷入机器而造成人身事故。

5) 设备运行时,操作人员必须集中注意力,不能离开岗位,发现有异常声音时要停机检查,分析原因,排除故障后再行操作。

6) 设备不能有漏水、漏气和漏油现象。

7) 严格按照设备的操作规程正确使用设备、定期维修和保养。

(2) 电的安全使用

1) 防止电器受潮。擦洗机器时要切断电源,不能带电作业,更不能将水泼洒在机器上,否则电器受潮,会降低绝缘性能,导致触电。

2) 及时检查和修理损坏的电器元件。性能不好的元件不要勉强使用,发现电器元件有故障时,应立即关机修理,不得强行操作。

3) 爱护电器设备,避免超负荷运转。不要乱拉电线,更不要在电线上晾晒物品,设备的接地线要保持完好。

4) 懂得电器设备的事故处理。若发现电器设备冒烟或着火要立即切断电源,用黄沙或二氧化碳、四氯化碳和干粉灭火器灭火。不能用水或普通灭火器救火。

（3）煤气的安全使用

1）要定期检查煤气管线，查看管线有无漏气现象。如果出现漏气现象应关掉总阀门，更换新管线后方可使用。

2）使用罐装煤气时，煤气罐与灶具应保持一定的距离，以免气罐受热发生爆炸。

3）点燃灶具时应先点火后开气，以火等气，否则气体扩散，会发生意外火灾。

4）经常保持灶具清洁，尤其要保持火眼畅通。灶具点燃后应有人看管，防止火焰被溢出的汤水浇熄，造成煤气中毒和失火。每天下班后要立即关掉气源的总阀门。

11.5.2 世界主要国家的饮食习惯

1. 法国

法国位于欧洲的西部，主要的民族是法兰西族，信奉天主教。

法国人尤为注重饮食文化，他们不仅讲究菜肴要保持原汁、原味、原色，而且还十分注意制作工艺和营养价值。法国人喜爱的食品有蜗牛、蛙腿、牡蛎、鹅肝、奶酪等。

法式面包堪称世界之最，最负盛名的是色泽金黄的棒形脆皮面包。用奶酪制作的各种小食品也是法国人喜爱的食品之一。法国人普遍都有饮酒习惯，而且十分讲究。如饭前要喝开胃酒，吃海鲜和冷菜时都喝白葡萄酒，吃肉类食品和奶酪时喝红葡萄酒，饭后喝香槟酒等。

2. 日本

日本是位于太平洋西侧的岛国，大多数人信奉神道和佛教。

由于特殊的地理环境，日本民族有其独特的饮食习惯。他们以鱼虾、贝类等海鲜为烹饪的主要原料，无论生吃、冷吃、热吃、熟吃都十分讲究菜点的色泽、形态和营养价值。他们爱吃水果、蔬菜，吃生菜时常常加入许多调味料，但对肥猪肉、猪内脏及羊肉不感兴趣。

目前，日本多数人在保持着本国的传统习俗的同时，对中餐也产生了极大的兴趣。他们喜爱吃广东菜、北京菜、上海菜和川菜中不太辣的菜肴，如笋炒肉丝、芙蓉蛋、咕咾肉、烤鸭等。

3. 英国

英国位于欧洲的西部，是多民族的国家，信奉基督教和天主教。

英式大菜是世界上公认的名流大菜之一。它历史悠久、工艺考究，讲究口味清淡，菜肴量少质精、品种多样、营养价值丰富。

英国人喜欢吃的食品有牛羊肉、蛋禽类、甜点、水果等。夏天喜欢吃各种水果冻、冰淇淋，冬天喜欢吃热布丁。进餐时一般先喝啤酒或饮威士忌等烈性酒，还有饮茶的习惯，一般以喝红茶为主。

4. 美国

美国位于北美洲的中部，信奉基督教和天主教。

美国人在饮食方面同他们的性格一样随便，没有什么特殊的讲究，而且十分节俭。

美式菜是英式菜的派生物，同时又吸收了印第安人和德国、法国、意大利等国家的烹饪精华，比较注重食品的营养和荤素的搭配。美国人对中国的菜肴有着十分浓厚的兴趣。他们有喝饮料的习惯，但从不喝白开水，无论男女老幼对甜食有着特殊的嗜好。

5. 德国

德国位于欧洲中部，信奉基督教和天主教。

德国人十分注重饮食的营养，他们喜欢喝啤酒，喜欢口味清淡、微带酸甜的菜肴，不喜欢过于肥腻、辛辣的食品。他们也不喜欢吃鱼，十分喜爱吃土豆，常用葡萄酒作为礼物送给好友。

思 考 题

1. 西式面点具有哪些特点？
2. 西式面点分哪几大类？
3. 西式面点常用的机械设备有哪些？
4. 西式面点常用的恒温设备有哪些？
5. 西式面点常用的刀具有哪些？
6. 西式面点常用的模具有哪些？
7. 西式面点常用的其他工具有哪些？
8. 西式面点常用的主要原料有哪些？
9. 西式面点常用的食品添加剂有哪些？
10. 法国人菜点有什么特点？
11. 日本人菜点有什么特点？
12. 英国人菜点有什么特点？

第 12 单元

管理知识

12.1　中式面点成本核算　　　/184
12.2　面点厨房管理　　　　　/186
12.3　生产过程的组织与管理　/192
12.4　面点技术管理的实施　　/195
12.5　市场调查与预测　　　　/198

12.1 中式面点成本核算

12.1.1 面点价格的构成

厨房生产的面点成品的销售价格是由耗用原材料的成本、营业费用、税金和利润四部分构成，用公式可表示为：

面点销售价格＝耗用原材料的成本＋营业费用＋税金＋利润

为了解决营业费用难以直接确切计算的问题，把实际成本中的这一部分与公式中税金和利润合并，统称为"毛利"用以计算面点的价格。因此从计算角度讲，面点价格的构成，也可以用耗用原材料的成本与毛利之和来表示，其公式是：

面点销售价格＝耗用原材料的成本＋毛利

面点价格的确定是根据国家规定的毛利率幅度，根据"按质论价，优质优价，时菜时价"的原则，结合本企业的特点，逐一确定的。

12.1.2 毛利率与成本率

1. 毛利率

面点的毛利，即是面点销售价格减去耗用原材料成本。毛利与耗用原材料的成本或销售价格之间的比率就是面点的毛利率。

（1）成本毛利率。又称外加毛利率。它是面点毛利与成本之间的比率。计算公式是：

成本毛利率＝面点毛利÷面点成本×100％

（2）销售毛利率。又称内扣毛利率。是面点毛利与销售价格之间的比率。计算公式是：

销售毛利率＝面点毛利÷面点销售价格×100％

2. 成本率

成本率是指面点成本与销售价格之间的比率。计算公式是：

成本率＝面点成本÷销售价格×100％

例：三丝炒面一份，销售价格为8.00元/份。毛利额为4.80元，求三丝炒面的成本率。

解：三丝炒面成本＝销售价格－毛利额＝8.00－4.80＝3.20（元）

三丝炒面成本率＝成本÷销售价格×100％＝3.20÷8.00×100％＝40％

答：此份三丝炒面的成本率为40％。

3. 毛利率与成本率的关系

根据价格的构成，毛利率与成本率之和等于百分之百，即是：

$$毛利率＋成本率＝100\%$$

12.1.3 毛利率的换算

在面点的销售价格与耗用原材料成本一致的情况下，销售毛利率与成本毛利率之间有如下关系：

$$成本毛利率＝销售毛利率÷（1－销售毛利率）$$
$$销售毛利率＝成本毛利率÷（1＋成本毛利率）$$

例：鲜肉包成本毛利率为72％，试换算为销售毛利率。

解：鲜肉包销售毛利率＝成本毛利率÷（1＋成本毛利率）
　　　　　　　　　　＝72％÷（1＋72％）
　　　　　　　　　　＝41.86％

答：鲜肉包的销售毛利率为41.86％。

12.1.4 面点价格的计算

1. 成本毛利率法

成本毛利率法又称外加法。它是以耗用原材料的成本作为基数定义的毛利率来计算的。计算公式是：

$$面点销售价格＝面点成本×（1＋成本毛利率）$$

例：黄油蛋糕200块，用面粉2.5 kg（每千克4.00元），白糖2.5 kg（每千克5.60元），黄油0.5 kg（每千克40元），鸡蛋5 kg（每千克10元），若成本毛利率为80％，求蛋糕的单位售价。

解：蛋糕总成本＝主料成本＋辅料成本
　　　　　　　＝4.00×2.5＋5.60×2.5＋10.00×5＋0.5×40
　　　　　　　＝94（元）

蛋糕单位成本＝蛋糕总成本÷产品数量
　　　　　　＝94÷200
　　　　　　＝0.47（元）

蛋糕单位售价＝蛋糕单位成本×（1＋成本毛利率）

$$=0.47\times(1+80\%)$$
$$=0.85（元）$$

答：蛋糕的单位售价为 0.85 元。

2. 销售毛利率法

销售毛利率法又称为内扣法。它是以销售价格为基数定义的毛利率来计算的。计算公式是：

$$面点销售价格=面点成本\div（1-销售毛利率）$$

例：起司蛋糕一个，其成本为 50 元，销售价格为 130 元。求此蛋糕的销售毛利率。

解：起司蛋糕的毛利＝售价－成本＝130－50＝80（元）

起司蛋糕销售毛利率＝蛋糕毛利÷蛋糕销售价格×100%
$$=80\div130\times100\%$$
$$=62\%$$

答：蛋糕的销售毛利率为 62%。

例：某面点间做莲蓉包，用 500 g 面粉做 20 个莲蓉包皮子，用 300 g 莲蓉馅做 15 个馅心，已知面粉进价为每千克 4.00 元，莲蓉馅进价为每千克 10.80 元，若按销售毛利率 65% 计算，求莲蓉包的单位售价。

解：莲蓉包成本单位＝皮坯单位成本＋馅心单位成本
$$=4.00\times0.5\div20+10.8\times0.3\div15$$
$$=0.1+0.216$$
$$\approx0.316（元）$$

莲蓉包单位售价＝莲蓉包单位成本÷（1－销售毛利率）
$$=0.316\div(1-65\%)$$
$$=0.90（元）$$

答：莲蓉包的单位售价为每个 0.9 元。

12.2 面点厨房管理

12.2.1 面点厨房的组织结构与工作任务

目前，我国饭店的厨房一般包括中厨、西厨、面点厨房等。根据企业生产的规模对人员进行组织分工，还可细分为初加工组、切配组、炉灶组、冷盘组等。大、小型饭店技术人员多、花色品种多、接待任务多，为了加强技术管理，提高产品质量，增加经济效益，人员分工更细，就面点厨房来说，其组织和人员配备更应当明确，如图12—1所示。

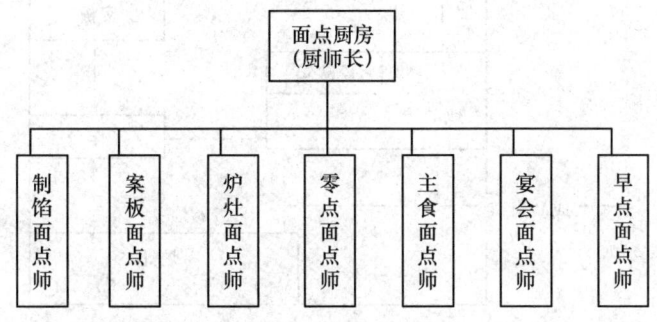

图12—1 面点厨房的组织结构与布局

我国广东地区饭店企业面点厨房的岗位分工，职责是比较明确的，其分工很细，一般分为主案（通常为部门的负责人）、副案、熟笼、拌馅、煎炸、炕饼、头杂、推销、水镬（蒸肠粉和各式小食糕品）等岗位。各个岗位有着不同的职责要求，并且分工合作、相互配合，这对提高产品质量、提高工作效率和经济效益起很大作用，它也是面点部门管理的组成部分。

为了使厨房工作人员工作顺利，便利管理，除做好人员组织分配外，对厨房进行科学合理的布局也是非常必要的。面点厨房一般设有灶台、各种原料加工机械设备以及工作台、货架等，从利于生产、方便操作看，厨房的工艺流水线应是：原料由入口领进→加工制馅→案板包捏→炉灶熟制→成品出口→餐厅。

在工艺制作中，厨房操作要有条有理，互不干扰，特别是生料和熟料的进出应严格分开，避免交叉污染，防止相互影响。面点房的整体布局也应根据企业的具体情况而定，一般示意图见图12—2。

12.2.2 面点部的业务组织

面点部门是饮食部的重要组成部分。各生产人员应在厨师长的统一领导下，严格执行岗位责任制，协同工作，做到各司其职、各负其责。

1. 面点部厨师长的工作职责和要求

（1）面点部厨师长负责在厨房贯彻执行企业的决策和计划，了解顾客需求，熟悉不同地区客人的饮食习惯，不断改进制品的质量，使厨房生产与餐厅服务、顾客需求、组织计划相适应。

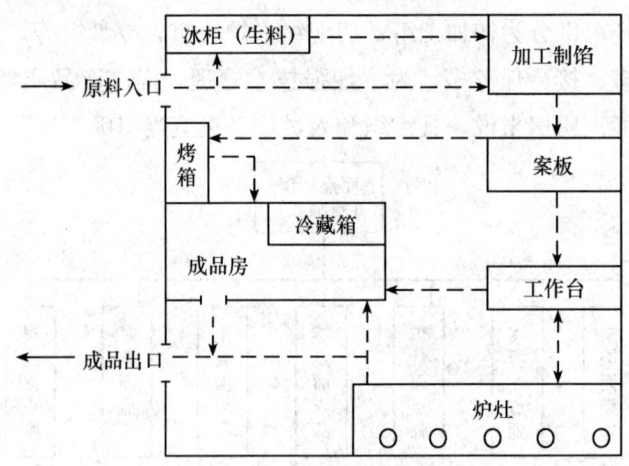

图 12—2 面点房工作场所布局及流水线

(2) 负责制定菜单。掌握货源情况，善于开发利用新原料，提出原料采购计划，把好原料验收关；确定面点品种的创新、淘汰和更新；核定点心的投料标准和成本，并合理计价。

(3) 负责制品的质量卫生标准，制定厨房工作人员的岗位责任制和技术标准，检验规程的执行情况。

(4) 负责部门内面点师的队伍建设和思想政治工作、业务技术培训以及考核工作。

2. 面点部的组织安排

厨房烹饪业务是通过餐厅为宾客服务的，面点厨房也必须以宾客为中心，与餐厅密切配合，来组织调配点心生产。

(1) 每天业务的安排。厨房与餐务两部门须紧密配合。厨房应于头天（甚至前几天）根据餐务部的通知，把次日的团队、宴会、重要来宾等人数测算出来，写在黑板上或下达任务通知书，根据近几天的营业情况、事先确定的菜单以及预订的筵席数，由厨师长通知采购人员准备次日所需的原材料。厨师长根据当天的业务情况，安排调度当天的业务：一是安排人员及时间调度，安排哪几个人负责宴会，哪几个人负责团体，哪几个人负责零点等；二是确定初加工原料的种类和数量，并负责指挥、监督业务过程的进行。

(2) 开餐前得准备工作。开餐前，厨房要完成各项准备工作。根据当天的预测和厨师长的安排，各业务组按各自的业务内容进行准备。零点组要准备好一些常用点心，同时要准备好面、馅等，以便临时操作。宴会组要准备好筵席单上的点心，随时准备上席。团体包餐的面点也要在客人需要时保证做好。这一切准备工作都要在厨师长的指挥下，由各岗位人员按各自的分工，保质保量地做好。

（3）开餐时的业务组织。开餐时间一到，各岗位人员在厨师长统一指挥下，各就各位。一旦送进点菜单，或通知筵席开餐，厨房就要根据点菜单的先后次序，开始制作食品。开餐过程中厨房和餐厅密切配合，哪些要上的快哪些可上的慢些，都要根据餐厅的通知来决定；同时，要通过跑菜，随时了解餐厅业务的进展情况，以便随时调整厨房的生产。

厨房所生产的制品，均由厨师长把关检查质量，厨师长对制作的食品进行巡视检查，如发现有不符合质量要求的面点（过咸、过淡、焦煳、夹生等），要采取相应的补救措施，把问题控制在厨房间解决，以保证餐饮服务的质量。

（4）开餐结束后的整理工作。每餐开餐结束后或每天工作结束前，各岗位工作人员在厨师长的统一指挥下，对各自使用的工具、设备、原材料按规定统一清理，分类存放保管，确保工作场所的整齐、干净。另外，还要检查电源、门窗及电阀的关闭情况，以确保安全。

（5）做好信息反馈工作。厨房每餐开餐结束后，厨师长要及时与餐厅联系，了解宾客对面点的品种、规格、质量有何意见，有无特殊要求等，通过信息反馈及时调整生产，以提高宾客的满意度。

12.2.3 面点厨房原材料管理

做好原材料的采购、保管、领用等管理工作，对于保证企业生产经营的连接进行，提高产品质量，降低生产成本等有着重要的意义。

1. 原材料采购的管理与要求

（1）必须坚持以销定进，勤进快销，以进促销，储存报销的原则。

（2）必须注意掌握需求信息，及时编制采购计划。

（3）必须广集货源，开通多渠道、多种方式采购。

（4）加强对采购员的思想教育和业务培训，注意提高采购员的业务水平和思想素质。

（5）健全采收手续制度，加强对采购工作的领导，实施采购工作制。

2. 原材料保管的管理与要求

（1）必须认真组织进货验收，坚持"先验后收，不验不收"的原则。

（2）必须安排一定的储存场所（仓库）和必要的保管设备。坚持"仓储面积的大小及设备与企业经营规模相适应"的原则。仓库设置的地点应地势较低，通风干燥，有必要的货架、容器皿。除冰箱、冷库外，大型企业还应有河鲜、海鲜等原料的活养设备。

（3）必须坚持原材料的科学保管与养护，做到无霉烂变质、无虫蛀鼠咬、无超额损耗、无责任事故。

（4）严格领料发货手续，认真做好出库管理工作，坚持"三先一不"原则。即做到"先入库的先出，易霉变的先出，接近失效期的先出，腐烂变质的不出"。发货前要坚持填写领料单并由部门负责人签字，发货后要及时记账或销卡，并将单据整理入账。

（5）认真做好原材料的清点盘存工作，坚持"日清月结"的原则。

（6）加强仓库管理的制度建设，提高保管员的素质。物料的储存管理应做好物料的入库管理工作。仓库的保管制度包括：原材料入库、在库、出库的管理制度，原材料的养护管理制度，仓库的安全制度，仓库保管员的岗位责任制度，仓库管理的"四禁"制度（禁止无关人员进入库房，禁止为个人存放物品，禁止在库房饮酒，禁止将危险品带入库房），以及奖惩制度等。而贯彻实施这些制度的前提则是保管员思想和业务素质的提高。

12.2.4　面点厨房产品制作管理

1. 产品的决策管理

决策是指在行动之前做出的行动抉择。企业在生产活动中，为实现预定的效益目标，要对自身周围的环境因素进行综合分析，从众多的方案中选择一个最适宜的加以实施。分析、论证、选择方案的过程，就是决策的过程。

餐饮业的产品决策管理，是管理者在进行市场调查，了解消费者需求的基础上，确定厨房生产目标，安排近期生产品种和数量的一种管理活动。由于它是以饮食市场的消费变化规律和饮食产品按需定产、以产促销、现产现销、日产日清的特点为依据进行的管理活动，因而管理者必须注意消费需求信息的收集，同行业竞争趋势的调查研究，新原料、新产品的使用和研制，创新产品的试销等工作，防止生产的盲目性。

产品的决策管理，直接影响着企业的声誉，关系到客源的寡众和经济效益的高低，因而它是企业生产管理的首要内容。

2. 劳动技术力量管理

人是生产力中最重要的因素，劳动技术力量是做好企业生产的重要条件。

（1）厨房技术力量的总体构成。厨房劳动技术力量的总体构成以塔形结构为优，以便于工作的调配和安排，如图12—3所示。

（2）厨房技术力量管理的任务。第一，全面掌握厨房技术力量，掌握岗位职责标准。第二，为决策部门提供技术力量资料，便于管理者确立切合实际的经营决策。第三，切实抓好厨房的食品质量，做到标准化、规格化。第四，加强对厨房产品成本的控制，正确掌握毛利率。

（3）厨房技术力量管理的要求。企业之间经营上的竞争，实际上是技术力量的竞争。厨房管理者在劳动技术力量的管理上要做到以下几点：第一，为有志于餐饮业的厨师展示

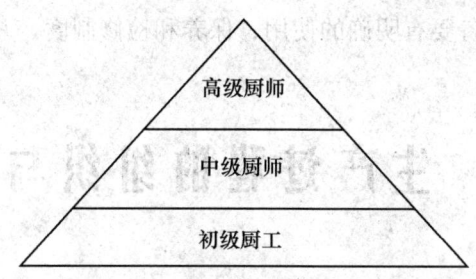

图12—3 厨房劳动技术力量构成图

才华创造机会,满足他们自我实现的需要。第二,赏罚分明,肯定厨师的工作态度和成果,以调动他们的积极性。第三,关心厨师的疾苦,为他们解决困难,以管理者的"人气"换回企业的"财气"。第四,加强技术培训,提高技术素质,为建立独树一帜的企业形象,提高客源市场占有能力奠定基础。

3. 生产场所和设备的管理

生产场所的环境条件和生产设备,是保护生产者安全、提高生产效率和产品质量的重要条件。

餐饮业产品品种繁多、工艺复杂,工艺生产中既有冷冻冷藏,又有高温加热,而且都有严格的卫生要求,这就需要有一个与生产性质和特点相适应的生产环境。管理者在厨房的生产场所和设备管理中要注意以下几点:

(1) 厨房设备、设施的结构与生产场所的布局要合理,要既方便生产,又有利于安全通行。厨房整体布局的基本要求:

1) 按产品生产工艺的要求使各工序之间的衔接得到保证。
2) 要尽量缩短原料的供应和成品入库的运输距离。
3) 考虑对工作的影响。
4) 注意防火安全,有利灭火。
5) 合理布置,减少占地面积。

另外,厨房、原料仓库的物品摆放要做到"五间距"。即:

顶距——货物存放高度要有顶距为50 cm的间隙,以便通风、安全。

灯距——原料仓库内的货物与照明灯距离为50 cm,以防止灯光发热而引起货品燃烧。另外,厨房的明火也必须远离照明灯。

墙距——厨房的机械设备、原料仓库的货物离墙的距离为50~80 cm。

柱距——一切设备、货物与柱子的距离为10~20 cm。

货距——各货架之间的行列间距为100 cm以上。

(2) 对厨房的各种设备要有明确的使用、保养和检修制度，并坚决贯彻实施。

12.3 生产过程的组织与管理

餐饮产品生产过程的管理是厨房组织工作的基础，其管理水平直接影响着餐饮部门业务经营活动的全过程。因此，生产过程的组织与管理是厨房管理中的重要环节，需要切实做好以下几方面的工作。

12.3.1 食品原材料的领用

餐饮产品生产过程中每天要消耗大量食品原材料，生产任务量的确定是食品原材料消耗量的基础，而食品原材料的领用是餐饮产品管理的首要环节，它直接影响生产过程的组织、成本核算及成本的消耗。

餐饮产品生产管理中每天所需要的食品原材料是由厨师长开具领料单向库房领取或请采购人员临时采购的，厨房在领料以前必须掌握需要哪些种类的食品原材料，每天各需要多少。因此，必须合理确定食品原材料的需要量才能加强成本控制，满足生产活动的需要。

当原材料需要量确定后，厨师长每天开具领料单，从库房领取当天需要的各种食品原材料。其中，部分蔬菜、瓜果、水产等新鲜商品如果库房没有，则由采购人员及时购进，经保管员验收后直接进入厨房。前一天用剩下的食品原材料第二天可以继续使用，应适当少领。极少数短缺食品原材料，库房一时没有或采购来不及而其他厨房又有的，可以相互调剂。对调拨的原料，要及时做好登记，为饮食部门的成本核算和成本控制提供原始记录。

12.3.2 人员配备和组织

厨房生产人员是饭店企业最重要的专业技术人员，他们直接决定产品质量，影响企业声誉。餐饮产品是以手工操作为主制作出来的，做好人员配备和组织是饮食生产管理的基础。厨房人员配备和组织要做好以下三方面的工作：

1. 合理配备人员数量，提高工作效率

一个厨房需要配备多少生产人员，不可一概而论。但人员过多，会造成技术力量不能充分发挥，劳动效率低；人员过少，又不能满足生产活动的需要。两者都会给企业带来损失,所以,需要合理配备厨房生产人员数量。

面点房生产过程中有制馅、面案、熟制、打杂等各种人员,到底配备多少人比较合理,主要取决于生产任务的大小,其次是制作的工艺性和人员技术水平的高低。

2. 适当安排人员比例,保证产品质量

面点房人员的配备比例,应以有一定技术水平的为主,每个厨房要以所经营的风味要求为依据,配备几名技师和高级面点师,中级和初级面点师要占大多数,具体人员比例,要根据实际需要来决定。厨房人员一般以形成金字塔形结构为好,这样才能保证产品质量,充分发挥各类技术人员的作用,通过以老带新的实际操作,培养出一支坚强的技术队伍。否则人员结构不合理,如高级面点师太少或几乎没有,让大批徒工或技术水平不高的技工负责高档宴会点心和重要产品制作,必然影响产品质量和企业声誉。

3. 选好技术骨干,加强生产过程的指挥

厨师长是餐饮生产管理的核心人物,要选择那些技术水平较高,有一定组织指挥能力,办事公道,懂得成本核算的高级面点师担任,同时,每一个厨房要选好厨师班长,形成骨干力量。日常生产过程中,厨师长对各厨房厨师班长要加强指挥,如每天上班要根据生产任务通知单的要求,安排具体任务,保证餐饮生产活动的正常开展。

12.3.3 面点制作的管理

1. 合理使用原料,减少损耗

厨房生产过程是以食品原材料的加工作为起点的。食品原材料的种类很多,在使用过程中,要选择优质原料,注意原料品种、季节的差别。讲究原料的规格质量,既要除净污秽和不能食用的部分,还要注意节约,不能将可食用的部分去掉,造成浪费。只有这样,才能做到物尽其用,降低成本。对一些下脚废料也应该妥善处理,如将纸箱、杂骨、羽毛、塑料纸等集中起来,卖给废品收购站,这样也可进一步降低成本。

2. 制定规范的操作规程

面点制作技艺丰富,工序复杂,每个品种都有一整套的操作程序。许多特色点心的制作,都要按照一定的规格要求,保质保量完成。而每一规程,也应按标准食谱的内容去完成,不能偷工减料。在制作中,对烹饪用具、选料配料、和面对碱、成形要求、火力大小、熟制时间等应总结出最佳控制数据,逐渐实现。面点制作应做到规格化、科学化和规范化,特别在口味、质量标准上要严格把关,确保同一品种的质量始终如一。

3. 做好面点生产管理,增加花色品种

我国面点的花色品种有上千种,面点的制作方法也各不相同。面点师将粉料调配好后,根据不同花色品种的要求,配上各种馅料,通过蒸、煮、烤、炸等各种技术方法,可以制成各个不同等级的花色品种。有的直接在餐厅销售，有的还可以对外销售，以满足客人的多种需要。做好面点生产管理，最重要的是要配备专业技术水平较高的面点师，制订生产计划，加强技术培训，不断增加花色品种，只有这样，才能提高管理水平，满足客人多种需要，提高经济收入。

12.3.4 厨房工作场所的组织

厨房是餐饮产品的生产基地，加强厨房工作场所的组织，对于提高工作效率、保证产品质量、保持业务活动的正常开展都具有十分重要的作用。加强厨房工作场所的组织，需要做好三方面的工作：

1. 合理配备厨房设备，减轻劳动强度

厨房设备是餐饮产品生产的物质基础，是厨房人员赖以生产出精美可口的食物的必要条件。厨房设备很多，各种设备的形状、规格、大小和用途不同。在有条件的地方炉灶一般要选择不锈钢成套设备，冰箱、厨柜和炉灶要配套，并要根据餐厅座位和日常生产任务量的大小配备。各种设备的摆放位置之间距离要适当，以利于加工、制作等各道工序之间的互相配合。距离大小和厨房工作人员的活动路线要经过科学的测量，保持合理的比例，才能减轻厨房人员的劳动强度，提高工作效率。厨房属于高温作业，油烟较大，在厨房设备配备中，通风设备、油灯处理设备是必不可少的。上下水设备、煤气设备要保证质量，随时处于良好的状态。

总之，要根据业务活动的需要，为厨房生产人员提供良好的生产环境和条件，这是厨房工作组织的首要问题。

2. 保持工作场地各工序之间的衔接和协调

饮食产品生产过程是由不同的工序组成的，有条件的企业，厨房粗加工、细加工、切配、炉灶、面点、冷盘等各工序要尽可能分工。面积较小，难于分开操作的厨房，也要加强工序场地的组织和管理。各个工作场地的炊具、用具要指定专人负责，指定摆放位置，不能杂乱无章，随用随丢。要定期清点数量，严格消毒。各工序之间也要划定专人负责，互相保持的联系和协调，并要加强厨房勤杂人员的管理，随时清理工作场地，保证业务经营活动的正常开展。

3. 切实抓好厨房清洁卫生，防止疾病传染

厨房的各种食品原材料和成品及半成品都容易腐坏变质，管理不好，将会成为细菌滋生源。因此，要切实加强厨房清洁卫生管理。食品原材料和半成品要做好卫生检验；每天没有售完的产品要及时存入冰箱，超过食用期限的食品坚决不用；对于炊、食用具要坚持经常消毒，防止苍蝇、蟑螂和细菌滋生；下水道要经常冲刷疏通，厨房的六面要经常清扫，无蛛网，无斑痕、无油渍。搞好卫生管理，才能保证卫生质量，防止食物中毒和疾病传染。

12.4 面点技术管理的实施

随着旅游事业日益兴旺，旅游饭店对厨房工作人员的要求越来越高，不仅要求面点师们的技术要不断提高，更要求厨房部的技术管理人员有一套完整的管理知识，如编制部门的经营管理计划，调配人、财、物，搞好产、供、销，控制成本，提高食品质量，增加经济收入等。

12.4.1 技术管理任务

1. 全面掌握厨房技术知识和岗位要求

厨房是一个分工种的部门，从初加工到成品熟制，从食品推销到卫生清洁等，各个岗位有着不同的职责要求，而且各岗位的工作也是环环紧扣。所以，要当好一个厨房的技术管理人员，就必须对厨房各工作、各岗位的技术和职责有个全面了解，才能合理有序地安排和推动整个部门的工作。

2. 搞好需求调查，创自己的经营特色

旅游饭店的客人来自世界各地，四面八方。品尝中国的美味食品是国内外旅游者来旅游的重要内容，因此，必须做好旅游者需求的调查。掌握不同国别和地区、不同民族、不同宗教信仰、不同年龄和职业和宾客的饮食特点，从方便客人就餐出发，根据饭店的特点，在服务范围、品种、营业时间上满足客人的需求，并且，要努力发挥自己的优势，不断改进食品生产工艺，提高烹饪技艺，挖掘传统点心做法，研究创新品种，形成自己的经营特色，以吸引客人，扩大客源，增加收入。

3. 切实抓好厨房的食品质量，做到标准化、规格化

厨房要以岗位责任制为中心，建立健全各种规章制度，使厨房各班组和工作人员都有明确的责任和具体的任务，以保证各项工作按标准、按程序、按规格进行。要经常检查厨房生产人员的操作规程及食品的质量和数量，不断提高食品质量和服务质量。

4. 加强对食品成本的控制，正确掌握毛利率

旅游饭店餐饮产品的品种多，规格复杂，生产和销售过程的各种费用难以一一划分，而食品的价格波动性大，价格又关系宾客的切身利益，因此必须加强对食品成本的控制。

应制定食品原料耗用配量定额,正确计算成本,以制定合理的食品价格,并且要建立健全原始记录和统计工作,经常进行活动分析,发现问题,及时采取措施予以处理。只有这样,才能在保证饮食标准的前提下,减少消耗,降低成本,增强竞争能力,扩大营业额,增加盈利。

12.4.2 技术人员管理

1. 合理安排人员,调动生产人员工作积极性

首先,管理者应根据厨房的大小、工作量、设备等,考虑最科学、最合理的人员数量和结构。其次,按各生产人员的技术水平、技术专长、岗位工作特点进行岗位任职,充分发挥员工的技术专长,尽量避免不称职的现象。当然,在岗位安排上也要注意有意识地培养新生力量。在提供必要的设备条件的同时,管理者还要掌握员工的心理特点,来调动员工的工作积极性。

2. 赏罚分明,调动每一位员工的工作热情

作为一名管理者,要对每一位职工做全面考查和分析,好的要奖赏,不好的要批评或处罚。由于文化水平、思想道德水平、年龄等都有一定的差别,所以在工作中对职工要区别不同情况,做到奖罚分明。绝不能出现"好人受气,调皮人神气"的现象,使职工真正感到相互平等,心情舒畅,这样才会有奋发向上的精神。

3. 加强思想教育,主动关心员工的生活

如果不加强思想教育,员工就会满足现状,停留在原有的水平上,甚至出现倒退。管理者必须针对员工不同时期的思想状况,做好思想工作,提出更高的工作要求,充分调动积极性,使他们干有方向,赶有目标。管理者主动关心员工的实际生活,是激发员工积极性的一个主要方面。有的员工技术水平低,自己有一种自卑感,应鼓励他好好钻研技术,指派专人帮助或去深造学习;有的员工家庭生活有困难,应主动帮助解决困难。这样,他们才会把全部精力都投入到工作中去。

12.4.3 技术管理要求

1. 发挥各岗位的技术骨干作用

一个厨房有多种岗位,厨房人数的半数应是有一定技术水平的面点师,其中必须有经验丰富、技术过硬的老一辈,也要有较年轻的、身强力壮、工作能力和进取心较强的新一代。他们各有所长,也各有所短,要努力使各技术骨干联结起来,互相配合,取长补短,共同完成生产任务和部门管理工作。作为厨房部门技术管理人员应考虑安排有生产经验、责任心强师傅和员工任各岗位的骨干,让他们带领其他新手工作,并要善于团结和组织各技术骨干力量，使他们成为部门的坚强技术核心。

2. 依靠技术骨干，坚持技术研究

厨房部门主要的生产任务是保证食品质量，力求供应快捷，还要不断创新花色品种，适应新的饮食潮流。要达到这一点，作为厨房技术管理人员就必须注意依靠部门的技术骨干力量，经常进行部门成品质量的检查和技术上的调研活动。如组织成立技术研究组，定出研究活动日期，研制时令季节新花色品种，定出质量检查日，及时发现本部产品的质量问题和部门管理上的缺陷以及本部职工技术上的不足等。研究组还要编写好对厨房中下层技工的技术轮训计划和岗位练兵安排等。

3. 注意培养青年技术接班人

随着旅游事业的不断发展，旅游饭店的增多，当今社会上对厨师的需求量很大，即使是老饭店，也面临着许多老师傅退役，需要大批年轻的员工顶替上来的问题，而且饭店单靠几个老师傅是不行的，主要还是要依靠广大青年后备力量。况且，客观的新陈代谢规律也注定了老的必然要退出，新的必然要进入和升职。可见，培养青年技术接班人也是抓好厨房技术管理的一大环节。饭店在组织技术研究小组时，要依靠老师傅，对青年一代进行传授指导、推陈创新，促进青年技术接班人的成长。

4. 加强与各部门的联系

厨房与餐厅、采购部、营业部虽然是彼此独立的部门，但它们之间有着极其密切的关系。这一点是厨房技术管理中不可忽略的。

从某个角度说，菜肴质量的高低，最权威的评判者是宾客，而宾客们的意见和议论，厨房是听不到的，要及时知道客人的意见，就主要靠餐厅服务人员来转达。依靠服务员听取并转达各方意见，才是改变食品质量，使品种对路，不断提高制作技术和完善技术管理的有效途径。所以，厨房加强与餐厅的联系是非常重要的。

库房采购部是厨房原料的供给来源。厨房部的工作是否顺利，生产是否正常，与库房采购部供应是否顺利、正常有密切关系。所以，厨房管理人员要与库房采购部主动联系，帮助其做好原材料的进货计划，了解货源的积存情况，并在此基础上准确地核算成本。

营业部是餐饮经营的策划者，也是厨房技术管理的参谋，它对组织厨房的筵席酒会、改进菜点的花色品种，对货源的利用和使用都起着主导作用，所以，厨房技术管理人员与营业部的联系也是很重要的。厨房应经常向营业部提供技术资料，以便营业部根据新情况进行核价。

12.5 市场调查与预测

12.5.1 市场调查的内容

市场调查是通过一定的方法，搜集、整理和分析市场情况，了解市场的过去、现状及其发展趋势，为开拓消费市场，决策经营目标，合理组织经营活动提供科学依据的调查活动。

市场调查的内容包括两个方面：一方面是客观环境，如政治的、经济的、社会的、文化科学的等；另一方面则是企业本身及市场营销组合的各种因素，如原料、产品、价格、渠道、促销措施及手段等。餐饮业市场调查的基本内容有：

1. 以本地区为中心的市场供求、企业竞争情况的调查

（1）消费者情况。从宏观上要调查本地区人口结构与数量的发展变化，就餐者消费水平的增减变化，就餐者需求结构的变动及其行为习惯的特点。从微观上要调查本企业现有常客的数量结构，他们的就餐动机、心理活动、就餐特点及特殊爱好。

（2）企业情况。即调查同行业内部企业间的竞争状况。宏观上调查本地区各大、中、小餐饮企业的经营、管理水平，劳动组织和效率、经济效益等情况。微观上要调查各餐饮业的菜点供应品种、质量、价格及促销手段，原料的进货价格、渠道及质量，厨师、服务员的技术水平和特点。

2. 影响市场变化的国家和地方政府的有关方针政策的调查

主要是从会议、文件、新闻报刊、领导人的讲话等中获得信息。

12.5.2 市场调查的步骤和方法

1. 市场调查的一般程序

市场调查的一般程序，如图12—4所示。

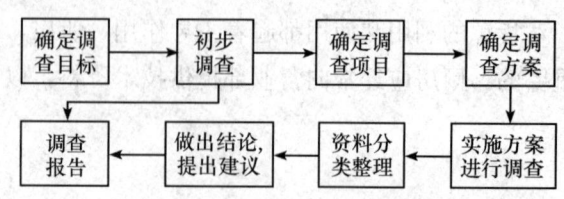

图12—4 市场调查的一般程序

2. 市场调查的一般方法

(1) 书面调查法。根据调查的目的和要求,制定调查表格,发给顾客或放在餐厅、店堂,征求顾客的意见。表格设计要具体。

(2) 资料搜集法。派专人负责收集、整理上级下发的文件和企业内部财务、服务、生产部门的历史资料,以了解市场动向特点和本企业各部门的情况。

(3) 直接询问法。主要由企业经理或有关管理人员在接待服务中选择部分有影响的顾客,召开座谈会或当面询问,征求意见。

(4) 观察调查法。这种方法主要是在接待过程中,观察客人的反映,了解顾客的意见和要求,发现带倾向性、规律性的问题。

(5) 随机抽样调查法。是在一些与本企业有业务往来的机构、人员或顾客中随机选择各种类型的调查对象若干,进行典型调查,了解他们的需求状况。

12.5.3 市场预测

市场预测是运用科学的方法,对影响市场供求变化的诸因素在调查的基础上进行分析,并探求其发展变化趋势,为市场营销决策服务。市场预测是现代化经济管理与企业营销中不可缺少的手段和方法。

如果说市场调查是掌握过去和现在的情况,那么市场预测就是研究和掌握未来的情况。它是在认识和分析事物发展规律的基础上,对未来可能出现的情况做出推测和判断。市场调查与市场预测两者是互相联系的,前者是后者的基础。

思 考 题

1. 厨师长的工作职责和要求是什么?
2. 原材料采购管理有哪些要求?
3. 原材料保管有哪些要求?
4. 面点厨房产品制作管理包括哪几方面?
5. 厨房、原料仓库的物品摆放要做到哪"五间距"?
6. 面点技术管理包括哪几方面?
7. 面点厨房卫生管理要注意哪几方面?
8. 面点厨房安全管理要注意哪几方面?

知识考核模拟试卷

一、判断题（下列判断正确的请打"√"，错误的打"×"；每题0.5分，共20分）

1. 中式面点制作现状是南式点心北传，北式点心南移。　　　　　　　　（　　）
2. 水溶性香精适用于以油为介质的食品。　　　　　　　　　　　　　　（　　）
3. 食物中的无机盐和维生素也能提供人体的热能。　　　　　　　　　　（　　）
4. 中式面点的皮坯已经改变了以往只用小麦、稻米等原料来制作的做法。（　　）
5. 馅心制作在口味上也应该进行改良和创新。　　　　　　　　　　　　（　　）
6. 销售毛利率是点心毛利与成本之间的比率。　　　　　　　　　　　　（　　）
7. 在点心创新品种的制作上，出现了大量的中西风味相结合的点心。　　（　　）
8. 老年人需要大量补充锌，以增强抵抗力。　　　　　　　　　　　　　（　　）
9. 要做到合理烹调，关键是在原料的选用上是否合理。　　　　　　　　（　　）
10. 脂肪的热量比蛋白质、碳水化合物低。　　　　　　　　　　　　　　（　　）
11. 点心制作讲究快速、科学、营养、卫生、经济，这是中式面点制作的发展趋势。
　　　　　　　　　　　　　　　　　　　　　　　　　　　　　　　　（　　）
12. 为减少营养素损失，食物原料在加工时应该进行合理洗涤。　　　　　（　　）
13. 为减少营养素损失，食物原料在加工时应该用温水冲烫。　　　　　　（　　）
14. 玫瑰油基本性状为无色至黄色液体。　　　　　　　　　　　　　　　（　　）
15. 食用香精在形态上可以是液体或浆体，也可以是粉末状。　　　　　　（　　）
16. 理化检验是利用仪器或化学药剂进行鉴定。　　　　　　　　　　　　（　　）
17. 抻是将面团用一定的手法反复抻拉成形的一种方法。　　　　　　　　（　　）
18. 面点成本率是指面点成本与利润之间的比率。　　　　　　　　　　　（　　）
19. 面点中的调味原料主要有油脂、盐、糖、蛋品、酵母等。　　　　　　（　　）
20. 要使制作的面点品种味美适口，形成一定的特色，必须注意各种原料的使用方法。
　　　　　　　　　　　　　　　　　　　　　　　　　　　　　　　　（　　）
21. 留兰香油基本性状为无色至红色液体。　　　　　　　　　　　　　　（　　）
22. 福建菜系又称"闽菜"。　　　　　　　　　　　　　　　　　　　　　（　　）
23. 炖是既类似蒸又类似煨的一种烹调方法，习惯上分为隔水炖和不隔水炖两种。
　　　　　　　　　　　　　　　　　　　　　　　　　　　　　　　　（　　）

24. 食用合成色素的配色,主要是由本色、原色这两种色泽配出的。（　　）
25. 京式咸馅,其吃口鲜咸而香。（　　）
26. 调味的第一阶段是原料加热前的调味,可称为基本调味。（　　）
27. 素菜起源于寺院,以后才逐渐发展到民间,餐饮业也有独立的素菜馆。（　　）
28. 合成色素因吸湿性强,应存放于铜、铁质容器。（　　）
29. 杏仁香精属于天然香料。（　　）
30. 用刀削出的面条又叫刀削面。（　　）
31. 耐热性香精通常也称水质香精。（　　）
32. 水产类常用的有海洋鱼类、淡水鱼、虾、蟹及其他。（　　）
33. 烧菜的特色是卤汁少而黏稠,原料质地软嫩,口味鲜浓。（　　）
34. 广式面点的馅心一般不加糖。（　　）
35. 烩菜一般都要勾薄芡,烩菜的特点是汤宽汁浓,口味鲜浓,色彩鲜艳。（　　）
36. 物料的储存管理应做好物料的入库管理工作。（　　）
37. 煮炒成熟方法属于单一成熟法。（　　）
38. 用奶酪制作的各种小食品也是法国人喜爱的食品之一。（　　）
39. 配菜的基本原则中,以一种原料为主料的,辅料应多于主料。（　　）
40. 德国人十分注重饮食的营养,他们喜欢喝啤酒。（　　）

二、单项选择题（下列每题的选项中,只有1个是正确的,请将其代号填在横线空白处；每题0.5分,共60分）

1. 中式面点制作现状是南式点心北传,（　　）点心南移。
   A. 西式　　　B. 中式　　　C. 北式　　　D. 南式
2. 在谷类中属含糖类的约占（　　）。
   A. 70%～80%　B. 50%～60%　C. 40%～50%　D. 30%～40%
3. 中式面点的皮坯已经改变了以往只用小麦、（　　）等原料来制作的做法。
   A. 果蔬　　　B. 稻米　　　C. 杂粮　　　D. 玉米
4. 奶类的主要卫生问题是（　　）。
   A. 微生物污染　B. 重金属污染　C. 化学污染　D. 酸败
5. 中式面点在馅心的制作上,应从（　　）、调味料、口味、加工方法等进行改良及创新。
   A. 成形　　　B. 成熟　　　C. 选用原料　D. 工艺
6. 中式面点制作的发展趋势,是原料选用的多样化,如（　　）。
   A. 小麦原料　B. 稻米原料　C. 块茎类原料　D. 家畜原料

7. 合理营养应从两个方面做起：一是合理配餐，二是（　　）。
   A. 定时定量　　　B. 合理进食　　　C. 少量多次　　　D. 合理烹调

8. 中式面点制作的发展趋势之一是点心制作工艺（　　）。
   A. 一体化　　　B. 多样化　　　C. 科学化　　　D. 规模化

9. 中式面点制作的发展趋势之一是点心制作讲究营养搭配，注重（　　）。
   A. 粗粮不吃　　　B. 细粮不吃　　　C. 粗粮粗做　　　D. 粗粮细做

10. 中式面点制作的发展趋势之一是点心制作讲究快速、科学、营养、卫生、（　　）。
    A. 经济　　　B. 美味　　　C. 色彩　　　D. 搭配

11. 在我国膳食中，（　　）是供给热能最主要的来源。
    A. 畜类　　　B. 水果　　　C. 谷类　　　D. 蔬菜

12. 豆类蛋白质含量很高，一般在（　　）之间。
    A. 10%～20%　　　B. 20%～30%　　　C. 20%～40%　　　D. 40%～50%

13. 根茎类蔬菜含有（　　），一部分B族维生素和维生素C。
    A. 锌　　　B. 铁　　　C. 胡萝卜素　　　D. 糖分

14. 肉类食品蛋白质含量较高者为（　　），约有12.6%～20.3%。
    A. 猪肉　　　B. 羊肉　　　C. 牛肉　　　D. 狗肉

15. 禽肉含蛋白质相当丰富，含量最高的为（　　），平均为23.3%。
    A. 鸡肉　　　B. 鸭肉　　　C. 鹅肉　　　D. 鸽肉

16. 鲜蛋的营养价值丰富，尤其是（　　）含量很丰富。
    A. 水分　　　B. 矿物质　　　C. 蛋白质　　　D. 脂肪

17. 鱼类组织中含氮浸出物主要是黏蛋白和（　　）。
    A. 胶原蛋白　　　B. 球蛋白　　　C. 肌球蛋白　　　D. 肌浆蛋白

18. 烹饪卫生学是为保障人们（　　），为制定卫生要求、卫生标准和防护措施提供理论依据的一门科学。
    A. 安全　　　B. 健康　　　C. 卫生　　　D. 舒适

19. 烹饪工艺从原料的选料、加工、切配、（　　）到装盘成点的各个环节都有可能涉及卫生问题。
    A. 购买　　　B. 生产　　　C. 清洗　　　D. 熟制

20. 烹饪卫生与（　　）的关系是相互促进，相互制约的关系。
    A. 烹饪　　　B. 生产　　　C. 切配　　　D. 营养

21. 要保存烹调好的食物或吃剩的食物，应该在温度为（　　）的冰箱内冷藏。

A. 5℃ B. 10℃ C. 15℃ D. 20℃

22. 鲜肉的感官指标，主要是从（　　）、色泽、霉变、气味等四方面来检验的。
    A. 发黏　　　　B. 酸度　　　　C. 弹性　　　　D. 光洁度

23. 禽肉是否新鲜，主要从（　　）、色泽、气味三方面进行鉴别。
    A. 弹性　　　　B. 外观　　　　C. 黏度　　　　D. 眼睛

24. 不吃（　　）、死黄鳝、死甲鱼。
    A. 死蟹　　　　B. 死鱼　　　　C. 死虾　　　　D. 死鸡

25. 豆粒必须干燥，大小均匀，质地坚实，（　　）。
    A. 色泽白　　　　　　　　　　　B. 有香味
    C. 色泽鲜艳　　　　　　　　　　D. 具有各种固有色泽

26. 米粒应干燥、颗粒均匀、坚实、（　　）、腹白少，有香气。
    A. 香甜滋味　　B. 软糯　　　　C. 色透明　　　D. 色白

27. 鲜奶质量鉴别主要是从固有状态、（　　）与气味、色泽等几方面。
    A. 滋味　　　　B. 口味　　　　C. 嗅觉　　　　D. 外表

28. 腌制的菜类，其硝酸盐含量应在（　　）之内。
    A. 20 mg/500 g　　　　　　　　B. 10 mg/100 g
    C. 30 mg/100 g　　　　　　　　D. 20 mg/100 g

29. 罐头食品受微生物的污染主要来源于两个方面，一个是生产过程中残留细菌在罐内，另一个是（　　）。
    A. 食品中产生细菌　　　　　　　B. 罐头本身受污染
    C. 重金属污染　　　　　　　　　D. 外界微生物重新侵入

30. 一般规定铁皮罐头出厂后，储存期为（　　）。
    A. 五个月　　　B. 三个月　　　C. 半年　　　　D. 一年

31. 罐头容器采用马口铁材料制作，易产生（　　）。
    A. 细菌　　　　B. 微生物　　　C. 霉菌　　　　D. 溶出锡

32. 午餐肉罐头食品中亚硝酸盐残留不得超过（　　）。
    A. 30 mg/kg　　B. 40 mg/kg　　C. 50 mg/kg　　D. 100 mg/kg

33. 罐头出现（　　）和化学性胖听时禁止食用。
    A. 生物性　　　B. 物理性　　　C. 原料酸败　　D. 亚硝酸盐

34. 不同种类的食品其储存温度也各异，如肉类、鱼类、蔬菜、罐头为（　　）。
    A. 0～5℃　　　B. 0～6℃　　　C. 0～20℃　　　D. 0～25℃

35. 合理配餐是指（　　）。

A. 菜肴的数量搭配合理　　　　　　B. 原料酸败的搭配

C. 水分的搭配　　　　　　　　　　D. 老嫩的搭配

36. 要做到合理烹调，应该（　　）。

A. 根据不同的原料，运用合适的烹调方法

B. 用蒸成熟方法

C. 用煮成熟方法

D. 用拌成熟方法

37. 平衡膳食是为人体提供足够数量的热能和适当比例的（　　），以保持人体新陈代谢的供需平衡。

A. 蛋白质　　　　B. 食物　　　　C. 营养素　　　　D. 各类食物

38. 膳食中，（　　）、脂肪、糖三大营养素要平衡。

A. 蛋白质　　　　B. 维生素　　　　C. 水分　　　　D. 矿物质

39. 人体的热能是通过食物中的（　　）、蛋白质和脂肪获得的。

A. 矿物质　　　　B. 碳水化合物　　　　C. 维生素　　　　D. 机能

40. 营养学中统一规定碳水化合物的热价为（　　）。

A. 4.0 kJ　　　　B. 33.4 kJ　　　　C. 8.35 kJ　　　　D. 16.7 kJ

41. 在烹调中为减少营养素损失，用（　　）。

A. 烙成熟方法　　B. 煎成熟方法　　C. 蒸成熟方法　　D. 烤成熟方法

42. 热价是指（　　）营养物质在同等量氧的作用下所释放的热量。

A. 1 g　　　　B. 2 g　　　　C. 3 g　　　　D. 4 g

43. 点心的（　　），即是点心销售价格减去点心耗用原材料成本。

A. 毛利　　　　B. 成本　　　　C. 利润　　　　D. 税金

44. 成本毛利率是点心（　　）与成本之间的比率。

A. 价格　　　　B. 营业费用　　　　C. 利润　　　　D. 毛利

45. 一碗冰糖哈士蟆的成本为 11.40 元，其销售价格是 18.20 元，此碗冰糖哈士蟆的成本毛利率是（　　）。

A. 30%　　　　B. 40%　　　　C. 60%　　　　D. 50%

46. 销售毛利率是点心毛利与（　　）之间的比率。

A. 销售价格　　　B. 营业费用　　　　C. 利润　　　　D. 工资

47. 面点皮坯原料常用的有面粉、米粉、（　　）。

A. 澄粉　　　　B. 薯粉　　　　C. 麦粉　　　　D. 杂粮

48. 面点中的鲜肉馅，应选用（　　）。

A. 腿肉　　　　B. 方肉　　　　C. 前夹心肉　　D. 五花肉

49. 面点中的调味料既可以用于面点制作中调制（　　），又可以直接调制面团或其他坯皮原料。

A. 蔬菜　　　　B. 豆类　　　　C. 馅心　　　　D. 杂粮

50. 要使制作的面点品种味美适口，形成一定的特色，必须注意各种原料的（　　）。

A. 使用方法　　B. 形态　　　　C. 口味　　　　D. 质量特点

51. 玉米粉制作点心皮坯，一般要掺（　　）。

A. 粳米粉　　　B. 糯米粉　　　C. 籼米粉　　　D. 面粉

52. 适用高筋面粉制作的点心是（　　）。

A. 茄汁冬蓉包　B. 银丝卷　　　C. 叉烧包　　　D. 面包

53. 低筋面粉的面筋蛋白质含量在（　　）以下。

A. 10%　　　　B. 7.8%　　　　C. 4.0%　　　　D. 6.2%

54. 影响合成色素溶解度的因素主要有（　　）。

A. 温度、水的pH值、盐类　　　B. 水温、盐类、气候
C. 水温、面粉性质　　　　　　D. 温度、盐类、面粉性质

55. 合成色素在（　　）的溶液中可能形成沉淀或引起变色。

A. 碱性弱　　　B. 碱性强　　　C. 酸性强　　　D. 酸性弱

56. 紫色加橙色可以配制成（　　）。

A. 棕褐色　　　B. 绿色　　　　C. 灰色　　　　D. 黄色

57. 用天然色素调制的面点，色调自然，还兼有（　　）。

A. 清香味　　　B. 营养　　　　C. 逼真色泽　　D. 调制方便

58. 常用的合成色素有柠檬黄、靛蓝、（　　）等。

A. 米苋　　　　B. 红曲粉　　　C. 青椒　　　　D. 苋菜红

59. 天然色素对人体无害，但调制时（　　）。

A. 染色性差　　B. 染色性强　　C. 易于溶解　　D. 有异味

60. 苋菜红最大的使用量为（　　）。

A. 0.01 g/kg　B. 0.02 g/kg　C. 0.03 g/kg　D. 0.05 g/kg

61. 人工合成香料分为单体香料和（　　）。

A. 双体香料　　B. 合成香料　　C. 煤焦油香料　D. 动物性香料

62. 肉桂油是（　　）。

A. 双体香料　　B. 合成香料　　C. 天然香料　　D. 动物性香料

63. 玫瑰油由多种新鲜（　　）经蒸汽蒸馏制得。

A. 双体香料　　　B. 合成香料　　　C. 天然香料　　　D. 玫瑰花

64. 留兰香油是用水蒸气蒸馏法从（　　）带花序的茎叶中提炼制得。

　　A. 菊花　　　　B. 桉叶　　　　C. 留兰香　　　　D. 玫瑰花

65. 甜橙油是用水蒸气蒸馏法从（　　）中提炼制得。

　　A. 桉叶　　　　B. 甜橙全果　　C. 留兰香　　　　D. 菊花

66. 食用香精是指由（　　）、溶剂或载体以及某些食品添加剂组成的具有一定香型和浓度的混合体。

　　A. 双体香料　　B. 甜橙全果　　C. 单体香料　　　D. 芳香物质

67. 食用香精可以分为（　　）、耐热性香精、乳化香精、微胶囊香精。

　　A. 双体香料　　B. 水溶性香精　C. 单体香料　　　D. 芳香物质

68. 水溶性香精溶液（　　），香气飘逸。

　　A. 透明　　　　B. 澄清　　　　C. 透明澄清　　　D. 混浊

69. 耐热性香精香味浓度（　　），不容易挥发。

　　A. 较高　　　　B. 非常高　　　C. 非常低　　　　D. 较低

70. 乳化香精适用于需要混浊度的（　　）和果味饮料等。

　　A. 乳汁　　　　B. 油　　　　　C. 果汁　　　　　D. 糖

71. 微胶囊香精适用于（　　）食品的加香，如果粉冻等。

　　A. 乳汁状　　　B. 冻状　　　　C. 油状　　　　　D. 粉末状

72. 食用香精在食品中具有（　　），起到增加香味。

　　A. 美观作用　　　　　　　　　　B. 辅助作用

　　C. 增加营养作用　　　　　　　　D. 增加甜味作用

73. 食用香精在食品中具有一定的（　　），可矫正食品气味。

　　A. 美观作用　　　　　　　　　　B. 增加营养作用

　　C. 矫味作用　　　　　　　　　　D. 增加甜味作用

74. 面点制作中常用的膨松剂有两大类，一类是（　　），另一类是生物膨松剂。

　　A. 物理膨松剂　　　　　　　　　B. 化学疏松剂

　　C. 化学膨松剂　　　　　　　　　D. 生物疏松剂

75. 发酵粉又称（　　），属于碱性膨松剂。

　　A. 泡打粉　　　B. 碳酸氢钠　　C. 碳酸氢氨　　　D. 生物疏松剂

76. 矾碱盐膨松剂主要是（　　）和碱相互作用。

　　A. 酸　　　　　B. 矾　　　　　C. 臭粉　　　　　D. 盐

77. 酵母使用时一般需加入（　　）的温水将其溶成酵母液。

A. 30℃ B. 50℃ C. 60℃ D. 70℃

78. 碳酸氢氨在使用时一般应控制在（　　）以内。
 A. 4‰ B. 1‰ C. 2‰ D. 3‰

79. 琼脂的（　　）和持水性高。
 A. 吸油性 B. 吸湿性 C. 吸水性 D. 吸糖性

80. 硝酸盐是一种（　　）。
 A. 硫酸钙 B. 酸剂 C. 碱剂 D. 发色剂

81. 咸味的主要来源是（　　）。
 A. 酱油 B. 酸剂 C. 酱 D. 盐

82. 复合调味品是指两种以上（　　）调味品经加工再制而成的调味品。
 A. 双味 B. 三味 C. 单一味 D. 四味

83. 甜面酱以（　　）为主要原料，与食盐经发酵制成。
 A. 糖 B. 味精 C. 面粉 D. 酱

84. 面捞芡以面粉、猪油、酱油、白糖、（　　）为主要原料制成。
 A. 糖 B. 味精 C. 面粉 D. 盐

85. 其他复合调味品有（　　）调味品、粉状调味品、酱菜状等调味品。
 A. 固态状 B. 片状 C. 液态状 D. 酱状

86. 面粉中多肽链是蛋白质的（　　）。
 A. 一级结构 B. 二级结构 C. 基础结构 D. 天然结构

87. 蛋白质吸水膨胀称为蛋白质的（　　）。
 A. 离浆作用 B. 膨胀作用 C. 胶体作用 D. 溶胀作用

88. 含蔗糖多的主坯，烘烤后成品有（　　）。
 A. 硬性 B. 脆性 C. 软性 D. 松性

89. 冷水面团适用的点心品种有（　　）。
 A. 珍珠水饺 B. 白菜蒸饺 C. 蝴蝶蒸饺 D. 金鱼蒸饺

90. 温水面团适用点心品种有（　　）。
 A. 萝卜丝酥饼 B. 水晶饼 C. 鸭饼 D. 白菜蒸饺

91. 面团在发酵时，面粉中的淀粉酶将淀粉分解成（　　）。
 A. 单糖 B. 双糖 C. 葡萄糖 D. 多糖

92. 乳酸发酵会给主坯带来刺激性（　　），使主坯质量下降。
 A. 碱味 B. 酸味 C. 臭味 D. 甜味

93. 影响生化膨松面主坯的因素，有（　　）、酵母、水量、时间等。

A. 面粉　　　　B. 天气　　　　C. 温度　　　　D. 油脂

94. 发粉膨松剂的膨松，主要是指用（　　）、小苏打、碳酸氢氨等膨松方法。
　　A. 糖　　　　B. 干酵母　　　C. 发酵粉　　　D. 油

95. 调制物理膨松面团的工艺操作要点，蛋糕要顺着（　　）搅拌，速度要先慢后快。
　　A. 软度　　　B. 顺时针方向　C. 黏度　　　　D. 一个方向

96. 当油脂与面粉调制成团时，（　　）便分布在面粉中蛋白质或淀粉的周围形成油膜，一是由于油脂中含有大量的疏水基，限制蛋白质的吸水作用，阻止了面筋的形成。
　　A. 油脂　　　B. 油酥　　　　C. 水分　　　　D. 粉

97. 干油酥比水油面（　　）。
　　A. 松散　　　B. 水分多　　　C. 油面多　　　D. 油脂少

98. 酥皮可分为（　　）、暗酥、半暗酥。
　　A. 明酥　　　B. 圆酥　　　　C. 直酥　　　　D. 横酥

99. 松质糕的基本工艺程序是（　　）。
　　A. 先成熟，后成形　　　　　　B. 先成形，后成熟
　　C. 先拌粉，后成形　　　　　　D. 先成团，后成熟

100. 生粉坯调制工艺可分为（　　）、泡心法。
　　A. 煮粉法　　B. 冷水拔　　　C. 煮芡法　　　D. 热水拌

101. 浆皮面调制，是将（　　）熬成糖浆，再加入油脂和其他配料。
　　A. 麦芽糖　　B. 冰糖　　　　C. 蔗糖　　　　D. 糖粉

102. 搅拌鱼茸要（　　），产生黏性，便于成形。
　　A. 加糖　　　B. 上劲　　　　C. 加热水　　　D. 加沸水

103. 原料固有品质包括（　　）、口味、质地等指标。
　　A. 营养价值　B. 成熟度　　　C. 新鲜度　　　D. 原料的纯度

104. 苏式面点在馅心制作上，肉馅多用（　　）。
　　A. 水打馅　　B. 油打馅　　　C. 菜打馅　　　D. 掺皮冻

105. 茄汁冬茸馅的口味属于（　　）。
　　A. 椒盐　　　B. 单一味　　　C. 复合味　　　D. 甜鲜味

106. 钳花适用的点心品种有（　　）。
　　A. 梅花饺　　B. 白兔饺　　　C. 兰花饺　　　D. 核桃酥

107. 清酥面团是用（　　）与油面团互为表里，经过反复擀叠、冷冻等工艺而制成的面团。

A. 温水面团 B. 冷水面团 C. 热水面团 D. 面粉

108. 泡芙的起发原理主要是由（ ）的各种原料及特殊的混合方法决定的。

A. 面糊 B. 蛋糊 C. 油脂 D. 糖

109. 冷冻品类以（ ）为主，口味清香爽口，适用于午餐晚餐的餐后甜食或非用餐时食用。

A. 冷 B. 甜 C. 冻 D. 冰

110. 烘烤设备主要指烤箱，它是（ ）生产的关键设备。

A. 冰激凌 B. 巧克力 C. 饼干 D. 西点

111. 西点用的面粉主要有低筋面粉、中筋面粉、高筋面粉和一些特殊面粉，如（ ）、蛋糕粉等。

A. 油酥面粉 B. 面包面粉 C. 小麦面粉 D. 全麦面粉

112. 面粉保管的环境温度以（ ）最为理想。

A. 10～15℃ B. 20～25℃ C. 18～24℃ D. 25～30℃

113. 糖具有调节面团的发酵速度、调节（ ）以及防腐作用。

A. 时间 B. 面筋筋力 C. 温度 D. 软硬

114. 黄油又称"奶油""白脱油"，它是从（ ）中分离的一种比较纯净的脂肪。

A. 油脂 B. 牛乳 C. 奶油 D. 蛋白质

115. 鸡蛋的性能主要有乳化性、蛋白的起泡性、光泽作用、（ ）作用。

A. 香味 B. 光洁度 C. 色泽 D. 黏结

116. 在食品加工中运用较广的化学膨松剂是（ ）、碳酸氢铵、发酵粉等。

A. 苋菜红 B. 二氧化碳 C. 酵母 D. 碳酸氢钠

117. 用奶酪制作的各种小食品也是（ ）人喜爱的食品之一。

A. 德国 B. 日本 C. 法国 D. 英国

118. 面点部厨师长要负责制定（ ）和制品的质量卫生标准。

A. 菜单 B. 企业决策 C. 企业计划 D. 企业制度

119. 面点厨房清洁卫生工作不包括（ ）。

A. 冰箱放不下时，没有售完的饮食产品可放在桌上，但要盖罩。
B. 超过食用期限的食品坚决不用
C. 食品原材料和半成品要做好卫生检验
D. 对于炊、食用具要坚持经常消毒

120. 日本人以鱼虾、（ ）等海鲜为烹食的主要原料，十分讲究菜点的色泽、形态和营养价值。

A. 生菜 B. 生鱼 C. 寿司 D. 贝类

三、多项选择题（下列每题的选项中，至少有 2 个是正确的，请将其代号填在横线空白处；每题 1 分，共 20 分）

1. 中式面点在馅心的制作上，应从选用原料、（　　）等进行改良及创新。
   A. 成形 B. 成熟 C. 加工方法 D. 调味料
   E. 口味 F. 刀工

2. 南方点心的制作是以（　　）为主要原料。
   A. 小麦 B. 稻米 C. 杂粮 D. 玉米
   E. 高粱 F. 小米

3. 中式面点的（　　）已经改变了以往只用小麦、稻米制作的做法。
   A. 馅心 B. 调味 C. 皮坯 D. 原料
   E. 成熟 F. 成形

4. 在点心品种上创新，往往用西式面点常用的（　　）制作方法，来体现中西合璧风味。
   A. 成形 B. 成熟 C. 原料 D. 调辅料
   E. 口味 F. 馅心

5. 中式面点制作的发展趋势，是制作（　　）。
   A. 一体化 B. 多样化 C. 定量化 D. 程序化
   E. 规范化 F. 标准化

6. 烹饪工艺从原料的（　　）到装盘成点的各个环节都有可能涉及卫生问题。
   A. 选料 B. 生产 C. 清洗 D. 熟制
   E. 加工 F. 切配

7. 食物中营养素损失的途径有（　　）。
   A. 溶解流失 B. 烹调和清洗 C. 饮食中流失 D. 加热损失
   E. 氧化损失 F. 加碱损失

8. 中式面点制作的发展趋势之一是点心制作讲究快速、（　　）。
   A. 搭配 B. 科学 C. 营养 D. 卫生
   E. 经济 F. 美味

9. 合理配餐是指（　　）。
   A. 菜肴的数量搭配合理
   B. 原料酸碱的搭配合理
   C. 菜肴营养成分搭配合理

D. 水分的搭配合理

E. 合理处理菜肴的色、香、味的搭配

F. 原料老嫩的搭配

10. 二次色由两种基本色混合配制的,如( )。

  A. 红   B. 黑   C. 绿   D. 橙

  E. 蓝   F. 紫

11. 食用天然色素有( )等。

  A. 柠檬黄 B. 靛蓝 C. 胡萝卜素 D. 红曲素

  E. 苋菜红 F. 叶绿素

12. 要做到合理烹调,应该( )。

  A. 用蒸成熟方法

  B. 合理洗涤,切配

  D. 用煮成熟方法

  D. 烹调时适当加醋

  E. 原料挂糊上浆、烹调时加芡

  F. 根据不同的原料,运用合适的烹调方法

13. 食用香精的作用是( )。

  A. 辅助作用 B. 稳定作用 C. 增加营养 D. 补充作用

  E. 赋香作用 F. 矫味作用

14. 生物膨松法是指用( )来发酵。

  A. 物理膨松剂 B. 化学疏松剂 C. 面肥 D. 生物疏松剂

  E. 酵母 F. 碳酸氢钠

15. 影响合成色素溶解度的因素主要有( )。

  A. 温度 B. pH 值 C. 盐类 D. 水的硬度

  E. 面粉性质 F. 季节

16. 咸味类调味品主要包括( )以及以咸为主或带有咸味的各种酱类。

  A. 虾油 B. 酸剂 C. 酱 D. 食盐

  E. 酱油 F. 硝酸钠

17. 常用于点心的复合调味品有( )等品种。

  A. 甜咸味 B. 鲜咸味 C. 鲜甜味 D. 香辣味

  E. 苦辣味 F. 甜酸味

18. 腐乳是用大豆制成腐乳白坯,再经( )而成。

A. 抻拉　　　　B. 煮炒　　　　C. 沉淀　　　　D. 发酵
E. 混合　　　　F. 腌制

19. 食用香精可以分为（　　）。
A. 耐热性香精　B. 水溶性香精　C. 耐酸性香精　D. 耐腐蚀性香精
E. 乳化香精　　F. 微胶囊香精

20. 冷水面团适用的点心品种有（　　）。
A. 花式蒸饺　　B. 刀削面　　　C. 拨鱼面　　　D. 银丝卷
E. 伊府面　　　F. 抻面

知识考核模拟试卷答案

一、判断题

1. √ 2. × 3. × 4. √ 5. √ 6. × 7. √ 8. × 9. ×
10. × 11. √ 12. √ 13. × 14. √ 15. √ 16. √ 17. √ 18. ×
19. × 20. × 21. × 22. √ 23. √ 24. × 25. √ 26. √ 27. √
28. × 29. × 30. √ 31. × 32. √ 33. √ 34. × 35. √ 36. √
37. × 38. √ 39. × 40. √

二、单项选择题

1. C 2. A 3. B 4. A 5. C 6. C 7. D 8. C 9. D
10. A 11. C 12. C 13. C 14. C 15. A 16. C 17. A 18. B
19. D 20. D 21. A 22. A 23. B 24. A 25. D 26. D 27. A
28. D 29. D 30. D 31. D 32. C 33. A 34. C 35. A 36. D
37. C 38. A 39. B 40. D 41. C 42. A 43. A 44. D 45. C
46. A 47. D 48. C 49. C 50. D 51. B 52. D 53. B 54. A
55. C 56. A 57. C 58. C 59. A 60. D 61. B 62. C 63. D
64. C 65. B 66. D 67. B 68. C 69. B 70. C 71. D 72. B
73. C 74. C 75. A 76. B 77. A 78. B 79. C 80. D 81. D
82. C 83. C 84. D 85. C 86. A 87. D 88. B 89. A 90. D
91. A 92. B 93. C 94. C 95. D 96. A 97. A 98. A 99. B
100. C 101. C 102. B 103. A 104. D 105. C 106. D 107. B 108. A
109. B 110. D 111. D 112. C 113. B 114. B 115. D 116. D 117. C
118. A 119. A 120. D

三、多项选择题

1. CDE 2. AB 3. CD 4. CDE 5. CDE
6. ADEF 7. ABCDEF 8. BCDE 9. ACE 10. CDF
11. CDF 12. BDEF 13. ABDEF 14. CE 15. ABCD
16. DE 17. ABCDF 18. DF 19. ABEF 20. BCEF

技能考核模拟试卷

一、炒制豌茸馅

1. 规定用时

10 min。

2. 操作条件

(1) 需要设备及用具。

(2) 需要原料及调料。

3. 操作内容

(1) 炒制豌茸。

(2) 加调味料。

(3) 装盘。

4. 操作要求

(1) 炒制豌茸馅一盘（150 g）。

(2) 色泽翠绿，皮坯光润、细洁。

(3) 吃口细腻、甜润适口。

(4) 火候掌握恰当（色绿油润）。

(5) 馅心厚度适中，有清香味。

(6) 现场操作过程规范、熟练、卫生、安全。

二、生物膨松面团——豌茸刺猬包

1. 规定用时

45 min。

2. 操作条件

(1) 中式面点操作教室一间及配套设施设备。

(2) 中式面点制作工具。

(3) 面点制作原料。

3. 操作内容

(1) 调制膨松面团。

(2) 包捏成形。

(3) 蒸制刺猬包。

4. 操作要求

(1) 馅心（豌茸馅）15 g，皮 25 g，数量 6 只。

(2) 皮坯洁白、光润、细洁。

(3) 刺针均匀、清晰，馅心居中，形态一致，形如刺猬。

(4) 馅心色翠绿，细腻光亮，甜润适口。

(5) 火候掌握恰当（皮坯不爆裂、不粘牙、不缩瘪）。

(6) 皮坯松软、有弹性，饧发适度。

(7) 现场操作过程规范、熟练、卫生、安全。

三、明酥制品——三丝眉毛酥

1. 规定用时

40 min。

2. 操作条件

(1) 中式面点操作教室一间及配套设施设备。

(2) 中式面点制作工具。

(3) 面点制作原料。

3. 操作内容

(1) 调制油酥面团。

(2) 包捏成形。

(3) 炸制三丝眉毛酥。

4. 操作要求

(1) 馅心（肉丝、笋丝、香菇丝）10 g，皮 15 g，数量 6 只。

(2) 象牙色。

(3) 形似眉毛、大小均匀、绞边整齐。

(4) 咸鲜味、三丝粗细均匀、芡汁适中。

(5) 炉温掌握恰当（色泽好、酥松不含油、不并酥）。

(6) 酥层清晰、吃口酥松。

(7) 现场操作过程规范、熟练、卫生、安全。

四、澄粉面团——弯梳虾饺

1. 规定用时

30 min。

2. 操作条件

（1）中式面点操作教室一间及配套设施设备。

（2）中式面点制作工具。

（3）面点制作原料。

3. 操作内容

（1）调制面团。

（2）包捏成形。

（3）蒸制弯梳虾饺。

4. 操作要求

（1）馅心（虾仁）12 g，皮12 g，数量6只。

（2）晶莹透明。

（3）形态美观，花纹长短一致，间距均匀，花纹9皱以上。

（4）咸淡适口、鲜嫩爽滑、有弹性、无异味。

（5）火候掌握恰当（成品无生、无破、不黏糊）。

（6）皮坯吃口爽滑，不粘牙，有韧性。

（7）现场操作过程规范、熟练、卫生、安全。

五、自选品种

1. 规定用时

25 min。

2. 操作条件

（1）中式面点操作教室一间及配套设施设备。

（2）中式面点制作工具。

（3）面点制作原料。

3. 操作内容

制作自选中点。

4. 操作要求

（1）具有高级水准并与鉴定同组点心品种不重复。

（2）有创意，能体现基本功。

（3）咸馅。

（4）色泽佳，口味好，质感符合标准（能体现应有的松、软、嫩和色、香、味、形）。

（5）现场操作过程规范、熟练、卫生、安全。

六、船点制作

1. 规定用时

30 min。

2. 操作条件

(1) 中式面点操作教室一间及配套设施设备。

(2) 中式面点制作工具。

(3) 面点制作原料。

3. 操作内容

制作 6 种以上不同形态船点。

4. 操作要求

(1) 一盘船点（6 种不同形态）。

(2) 主题突出、构思新颖。

(3) 色彩鲜艳。

(4) 形态逼真、生动。

(5) 有一定难度。

(6) 现场操作过程规范、熟练、卫生、安全。